重走
《八十天环游地球》
之路

褚嘉祐·著

上海科学技术出版社

图书在版编目（CIP）数据

重走《八十天环游地球》之路 / 褚嘉祐著. -- 上海：
上海科学技术出版社，2022.1
ISBN 978-7-5478-4777-0

Ⅰ．①重… Ⅱ．①褚… Ⅲ．①自然科学－青少年读物
Ⅳ．①N49

中国版本图书馆CIP数据核字(2021)第248498号

责任编辑　季英明
特约编辑　戴　薇
装帧设计　戚永昌
电脑制作　吴　琴

重走《八十天环游地球》之路

褚嘉祐　著

上海世纪出版（集团）有限公司
上海 科 学 技 术 出 版 社　出版、发行
（上海市闵行区号景路 159 弄 A 座 9F-10F）
邮政编码 201101　www.sstp.cn
浙江新华印刷技术有限公司印刷
开本 700×1000　1/16　印张 11
字数：175 千字
2022 年 1 月第 1 版　2022 年 1 月第 1 次印刷
ISBN 978-7-5478-4777-0/N·233

定价：68.00 元

序 一

　　《八十天环游地球》是 19 世纪法国作家儒勒·凡尔纳的一部著名科幻小说，已经被推荐为中学生必读的文学经典。小说讲述的是：1872 年，英国绅士福格与朋友以 2 万英镑打赌，在 80 天内环游地球一周。于是，福格和仆人路路通经过地中海、红海、印度洋、太平洋、大西洋，横穿印度、新加坡、中国、日本、美国等地，经历了险象环生的旅途。《八十天环游地球》出版后，在全世界引起轰动，不断有人想按照福格先生的路线环游地球。

　　随着现代交通工具的进步，能不能用更少的，例如 1/3 的时间，完成福格先生旅行所经过的路线，而且不错过重要的自然、历史、人文景点？

　　褚嘉祐教授在中国医学科学院从事医学遗传学研究、临床和教学工作 30 余年，曾两次获得国家自然科学奖二等奖。多年来，因为学术交流和个人兴趣，褚嘉祐教授到过世界七大洲 100 多个国家和地区。除了科学专著外，褚嘉祐教授还结合旅行体验写过一些成功的科普作品，由上海科学技术出版社于 2014 年出版的《沿着人类祖先迁徙的脚印旅行》获得第三届中国科普作家协会优秀科普作品银奖，并入选 2015 年国家新闻出版广电总局向全国青少年推荐的百种优秀图书。2018 年出版的《沿着达尔文环球考察的足迹旅行》被评为 2020 年上海市优秀科普图书。

　　这一次，褚嘉祐教授带领两个分别为 9 岁和 11 岁的小学生、一个 17 岁的中学生，连同一位孩子的父母一行 6 人，成功地用 26 天完成了"重走《八十天环游地球》之路——环球文化之旅"。环游地球一周，行经 8 个国家或地区，涵盖欧洲、非洲、亚洲、北美洲。行程包括福格先生《八十天环游地球》中涉及的国家或地区，游览了其中重要的自然、历史、人文景点，同时，游程中还增加了一些地方，包括中国香港，美国旧金山、纽约，英国伦敦、牛津，法国巴黎，埃及开罗、伊斯梅利亚，印度孟买、阿格拉和加尔各答，新加坡，最后从日本东京、横滨乘邮轮回到中国。除了乘坐飞机之外，旅途中还体验了欧洲的现代高速列车与印度的传统火车。

　　这本书记录了褚嘉祐教授一行 6 人环游地球的实际行程，对比了当年和如今的巨大变化，介绍了旅途中所涉及的地理、历史、民族和文化知识。

这本书特点是"在家可卧游，旅行可参考"。读名著《八十天环游地球》时，可以同时阅读本书，感受褚嘉祐教授一行的重走经历，比较 100 多年的变化，了解《八十天环游地球》中没提到的历史、地理、文化知识。如果读者有志于到原著提到的相关国家和地区旅行，这本书具有重要的参考价值。

　　因此，我非常乐意向广大读者，尤其是中学生推荐这本内容丰富、引人入胜的书。

中国科学院院士、遗传学教授

2021 年 8 月

序二

　　"读万卷书，行万里路"既是人们对美好生活的向往，更是大千世界的人生体验。这其中所反映的是人们对人生的态度、对生活的态度、对世界的看法。褚嘉祐教授是著名的医学遗传学专家。他不仅在医学遗传学领域卓有建树，而且多思善行，对科学普及、科学之旅、文化之旅饶有兴趣。多年来，他因为学术交流和个人兴趣，到过世界七大洲 100 多个国家和地区。除了科学专著外，褚教授还结合旅行写过一些成功的科普作品。由上海科学技术出版社 2014 年出版的《沿着人类祖先迁徙的脚印旅行》获得第三届中国科普作家协会优秀科普作品银奖，并被选入 2015 年国家新闻出版广电总局向全国青少年推荐的百种优秀图书。2018 年出版的《沿着达尔文环球考察的足迹旅行》被评为"2021 年上海市优秀科普图书"。本书是褚教授及其同行者的又一部环球文化之旅著作。

　　本书的经历和写作无疑受到了 19 世纪法国作家儒勒·凡尔纳《八十天环游地球》的影响。这部小说曾经影响了几代青少年，现在仍被推荐为中学生必读的文学经典。小说主人公在 80 天内环游地球一周的经历令人神往。如今，随着科技的进步、交通的改善和生活水平的提高，对我们而言，读万卷书、行万里路由人生向往变成现实体验已成为可能。现在，褚嘉祐教授带领 3 个中小学生和 2 位家长，用 26 天完成《八十天环游地球》中涵盖欧洲、非洲、亚洲、北美洲 8 个国家或地区的环游地球一周的历程。褚教授一行一路上体验了飞机、现代化的"欧洲之星"火车、印度当地的火车以及邮轮等旅行工具，在我国香港参观紫荆花广场、维多利亚港湾，在美国参观旧金山金门大桥、纽约大都会艺术博物馆和美国自然历史博物馆，在英国参观伦敦大英博物馆，在法国游览卢浮宫、凡尔赛宫，在埃及游览苏伊士运河、金字塔，在印度游览象岛石窟、泰姬陵、迦梨女神庙、印度博物馆，在新加坡游览夜间野生动物园，在日本访问东京大学、东京国立博物馆等，是名副其实的环球文化之旅。

　　这部书为读者呈现了关于褚教授一行 26 天环游地球的旅行经历、拍摄的 100 多张反映人文风情的摄影作品。作者文笔轻松，叙述引人入胜。对照儒勒·凡尔纳《八十天环游地球》原著,读者不仅可以感受到巨大的历史变迁,获得很多地理、历史、文化、宗教等方面的知识,更可以从中领略世界、领略人生。如果有读者想重走这条环球旅行道路,这会是一本非常实用的参考书。我非常高兴向广大读者,尤其是中学生推荐这本内容丰富又极有裨益的读本。

林文勋

云南大学党委书记、原校长,历史学教授
2021 年 7 月

写在前面

　　从我初中读到法国作家儒勒·凡尔纳的《八十天环游地球》至今，已经过了半个世纪。我还记得当时读完这本书时的激动和向往，憧憬有一天自己也能沿着这一路线环游地球一圈，但在一次与同学的讨论中，我提出这一想法，在场的所有人都觉得这是"痴人说梦"。

　　我很高兴地看到，这本 19 世纪的著名科幻小说，今天仍被推荐为中学生必读的文学经典。它的主要情节是：1872 年，英国绅士福格与朋友以 2 万英镑打赌，能在 80 天内环游地球一周，于是和仆人路路通踏上了险象环生的旅途，经过了地中海、红海、印度洋、太平洋、大西洋，横穿了印度、新加坡、中国、日本、美国等地。福格在旅程结束回到伦敦时发现迟到了 5 分钟，只得承认失败，返回家中。不料次日清晨，他意外发现因为自己是自西向东绕地球一周，时差使他多出了一天时间，所以福格转败为胜。此书出版后，在全世界引起轰动，并不断有人想按照福格先生的路线环游地球。

　　必须指出，小说主人公福格先生的环球旅行主要依靠的是轮船和火车，目的是在 80 天内完成旅程，所以完全没有游览。例如，他在巴黎仅仅停留 1 个多小时。

　　随着现代交通的进步，能不能用更少的时间，沿着福格先生旅行所经过的路线环游地球一周？

　　我决定设计一条路线，重走《八十天环游地球》之旅。但与当年福格先生的旅行之路有三点不同：一，只用福格先生 1/3 的时间，完成环游地球的任务，除了乘坐飞机航班之外，还要体验福格先生当年的火车、轮船之旅；二，不再仅仅是赶路，而是不错过一路上重要的自然、历史、人文景点；三，作为已经到过世界七大洲 100 多个国家的旅行者，我一个人的旅行并不稀罕，这次，我要带着几个怀着和我当年一样梦想的少年完成这段旅行。

　　这本书记录的就是这次涵盖欧洲、非洲、亚洲、北美洲 8 个国家或地区的环游地球一周的历程，即"重走《八十天环游地球》之路——环球文化之旅"。2019年 8 月 1 日，我们从昆明出发，经过香港飞行到旧金山、纽约，再飞到伦敦、剑桥，乘火车到巴黎后，又飞往开罗、孟买、新德里，随后乘汽车到阿格拉，乘火车到新德里，飞往加尔各答、新加坡、日本东京，再从横滨搭乘邮轮到上海，8月26日晚乘飞机返回昆明，按计划完成了挑战。

本书呈现的就是我们26天的旅行经历以及路途中拍摄的多幅反映人文风情的照片。对照当年福格先生所见，展现百余年的历史变迁，并以几个中小学生在旅行中与我互动的形式，就旅程中涉及的地理、历史、文化、宗教等问题展开思考和讨论。

写这本书的目的是希望阅读儒勒·凡尔纳《八十天环游地球》的读者可以对照本书，足不出户地体会环球旅行的乐趣。如果你也有兴趣重走《八十天环游地球》之路，这本书还可以作为你的旅行参考。

感谢与我同行的少年朋友们，他们以坚强的意志和强健的体魄在1个月中跟随我艰苦旅行，提出问题与我讨论，写出旅行心得，所以，他们也是这本书的作者。

本书的六位主人公

我（教授）：中国医学科学院医学遗传学教授。本次旅行的发起者，身兼领队、导游和翻译。褚之晗的爷爷。

褚之晗（之晗）：9岁，小学三年级女生。喜欢读书、音乐和旅行，从小就树立了"读万卷书，行万里路"的理想。

张洲赫（洲赫）：11岁，小学五年级男生。喜欢画画、历史，假期在博物馆当过义务讲解员。希望用自己的眼睛和画笔记录下整个世界。

褚冯睿（冯睿）：17岁，高中男生。喜欢读书，喜欢比较不同国家的文化差异。

张奂欧：某国企员工，洲赫的父亲，本次旅行的"安全卫士"。

娄佳：某国企员工，洲赫的母亲，本次旅行的"管家"。

目 录

1 儒勒·凡尔纳和
他的环球旅行

相信大家都非常喜欢儒勒·凡尔纳（Jules Verne，1928—1905）和他的科幻小说《八十天环游地球》，现在我们即将启动一次非常有意义的挑战——按照《八十天环游地球》的路线，重走小说主人公福格到过的地方，完成环球旅行。

让我们先来看一下《八十天环游地球》小说中，这场环球旅行是如何"诞生"的。

（1872年9月29日，英国国家银行5.5万英镑失窃，盗窃者被怀疑是一名绅士。10月2日星期三11：29，路路通成为福格先生的佣人。）

"我认为这个贼能够逃掉。他准是个挺机灵的人！"安得露·斯图阿特说。

"你说他往哪儿逃？"

"这我不知道，"斯图阿特回答说，"可是，无论如何，世界上能去的地方多着哪！"

"弱夫先生，您应该承认，地球缩小了，这是一种开玩笑的说法！您所以这样说，是因为如今花3个月的时间就能绕地球一周……""只要80天。"福格接着说。

"事实上也是这样，先生们，"约翰·苏里万插嘴说，"自从大印度半岛铁路的柔佐到阿拉哈巴德段通车以来，80天足够了。您瞧，《每日晨报》上还登了一张时间表：

自伦敦至苏伊士途经悉尼山与布林迪西（火车、船）··········7天

自苏伊士至孟买（船）······························13天

自孟买至加尔各答（火车）··························3天

自加尔各答至香港（船）····························13天

自香港至横滨（船）······························6天

自横滨至旧金山（船）····························22天

自旧金山至纽约（火车）····························7天

自纽约至伦敦（船、火车）··························9天

总计··80天"

"不错，是80天！"斯图阿特喊着说。他一不留神出错了一张王牌。接着他又继续说道："不过，坏天气、顶头风、海船出事、火车出轨等事故都不计算在内。"

"这些全都算进去了。"福格先生一边说着，一边继续打着牌。

"可是印度的土人，或者美洲的印第安人会把铁路钢轨撬掉呢，"

斯图阿特嚷着说，"他们会截住火车，抢劫行李，还要剥下旅客的头皮！这您也算上了？"

"不管发生什么事故，反正80天都算上了。"福格一面回答，一面把牌放到桌上。

"我倒想看看您怎么做。"

斯图阿特大声说："我敢拿4 000英镑打赌，80天内环绕地球一周，是绝对不可能的。"

"正相反，完全可能。"福格回答说。

"您什么时候动身？"

"好！"福格说着转过身来，对其他几位牌友说，"我有2万英镑在巴林氏兄弟那里，我情愿拿来打赌！"

"一个体面的英国人，打赌也像干正经事一样，是绝不开玩笑的，"福格回答说，"我准在80天内，甚至不用80天就绕地球一周，也就是说，花1 920小时或者说花11.52万分钟绕地球一周，谁愿意来打赌，我就跟他赌2万英镑。你们来吗？"

斯图阿特、法郎丹、苏里万、弗拉纳刚和弱夫这几位先生商量了一会儿之后，说道："我们跟你赌。"

"好！"福格先生说，"到杜伏勒去的火车是20：45开车，我就乘这趟车走。"

"今天晚上就走吗？"斯图阿特问。

"今天晚上就走。"福格先生一边回答，一边看了看袖珍日历，接着说："今天是10月2日星期三，那么，我应该在12月21日星期六20：45回到伦敦，仍然回到俱乐部这个大厅里。要是我不如期回来，那么我存在巴林氏那里的2万英镑，不论在法律上，或是在事实上都归你们了。先生们，这儿是一张2万英镑的支票。"

儒勒·凡尔纳是19世纪法国著名的科幻小说和冒险小说作家，被誉为"现代科幻小说之父"。凡尔纳出生于法国港口城市南特的一个中产阶级之家，早年在巴黎学习法律，之后开始进行文学创作，事业取得了巨大成功，据联合国教科文组织统计，凡尔纳是世界上作品被翻译得第二多的名家，位于排名第一的阿加莎·克里斯蒂和排名第三的莎士比亚之间。他曾写过20多部长篇科幻冒险小说，以总名称为《在已知和未知的世界中奇异地漫游》一举成名。代表作为三部曲——《格兰特船长的儿女》《海底两万里》和《神秘岛》。

凡尔纳的科幻小说不仅仅是幻想，而是充满了科学原理。所以他在科幻小说中写的很多东西都逐渐成了现实。例如：他在《征服者罗比尔》《世界主宰者》中预言的飞行器，就是我们今天重要的交通工具——飞机；他在1860年写《从地球到月亮》时，曾描述过故事主人公用"哥伦比亚炮"把人送上月球，100年后的1969年，美国"阿波罗号"登上了月球；他在《海底两万里》中描写的潜水船，在第一次世界大战后即出现；凡尔纳晚年的一本小说《2889年一个美国新闻记者的一天》中曾写到电视装置，人们在20世纪40年代发明了电视机；他在《隐身新娘》中描述"隐身药水"能使人影像消失，人们现在正采用光学手段实现隐身。所以，凡尔纳被称为发明家的老师。

凡尔纳有许多小说被拍成电影，如《格兰特船长的儿女》《海底两万里》《神秘岛》《八十天环游地球》《气球上的五星期》和《地心游记》等。

小说《八十天环游地球》讲述的是：1872年，英国绅士福格与朋友以2万英镑打赌，在80天内环游地球一周。福格和仆人路路通在险象环生的旅途中经过地中海、红海、印度洋、太平洋、大西洋，横穿印度、新加坡、中国、日本、美国等地。福格在环游地球一圈结束旅程回到伦敦时发现迟到了5分钟，只得承认失败，返回家中。不料次日清晨，他意外发现因为是自西向东绕地球一周，时差使他多出了1天时间，因此福格转败为胜。小说加进了福格被当作银行大盗追捕、在印度营救殉葬女子的情节，更加引人入胜。

儒勒·凡尔纳的时代，环游地球还是人们的幻想。凡尔纳自己没有实践80天环游地球的壮举，但他的科学计算使这一旅行成为实际可能。《八十天环游地球》出版后，不少人受到鼓舞，尝试开展环球旅行。据记载，第一位是比斯兰夫人，她在1889年用了79天的时间环游了地球。

现代交通的进步，能不能用更少的，例如1/3的时间，完成福格旅行所经过的路线，而且不错过重要的自然、历史、人文景点？

我这次带你们的旅行，就是要在不到1个月的时间里，挑战自己，走完环球行程。当年福格先生80天环游地球的路线是：伦敦（英国）—巴黎（法国）—苏伊士（埃及）—孟买（印度）—加尔各答（印度）—新加坡城（新加坡）—香港（中国）—横滨（日本）—旧金山（美国）—纽约（美国）—伦敦（英国）。

福格先生主要是赶路，所到之处仅仅足迹到就算，完全没有游览。比如，他在巴黎仅仅停留了1小时20分。

我们的旅行路线，既包括福格先生走过的城市，还增加了几座城市（剑桥、开罗、阿格拉、东京）且涵盖了旅行路线中重要自然、人文

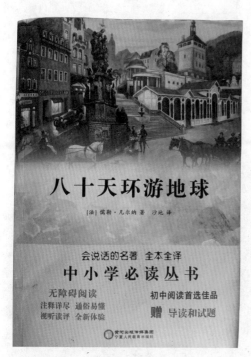

沙地翻译的《八十天环游地球》　　　　儒勒·凡尔纳

景点：昆明（中国）—香港（中国）—旧金山（美国）—纽约（美国）—
伦敦（英国）—剑桥（英国）—巴黎（法国）—开罗（埃及）—苏伊士
运河（埃及）—孟买（印度）—新德里（印度）—阿格拉（印度）—新
德里（印度）—加尔各答（印度）—新加坡城（新加坡）—东京（日本）—
横滨（日本）—上海（中国）—昆明（中国）。

 旅途思考与讨论

1. 人类对地球的认识过程

之晗：您能给我们讲讲人类认识地球的过程吗？

教授：今天的我们都知道地球，可是古代人并不知道地球的存在。古
　　　印度人认为，海洋中漂浮着一只巨大的海龟，其背上站着三头
　　　大象，大地就是由这三头大象托着的，地震就是大象的动作引
　　　起的。古代俄罗斯人认为大地像一块巨大的盾牌，由海洋中的

　　三条鲸鱼托着。中国也有类似的"鳌鱼托大地"之说。传说中，鳌是海中的大龟。当年共工失败后，怒气冲天，用头触不周山，把用以撑住天的柱子也撞断了。眼看天就要塌下来，女娲当即斩断鳌足，作为顶天立地的四根柱子。所以大地被搁在巨大的鳌鱼背上。如果鳌鱼翻动，则会发生地震，给人间带来灾难。比较大的佛寺的大雄宝殿后面都有"五十三参"海图塑像，庄严慈祥的观音菩萨脚踏鳌鱼背上以镇住鳌鱼，保佑大地平安。后来这种传说演变为"天圆如张盖，地方如棋局（棋盘）"的"盖天说"。东汉时期的天文学家张衡则认为天体如同鸡蛋，地就像蛋中的蛋黄，天大地小，天里还有水，天包着地，这就是"浑天说"。

　　对地球的进一步认识始于古希腊数学家毕达哥拉斯（前572—前497），他发现海上行驶而来的帆船总是先出现桅杆，再出现船身，所以认为地球的表面是弧形的。地球概念的真正奠基者是希腊的亚里士多德（前384—前322），他观察月食时，根据落在月球上的地球的影子推断地球是一个球体。

伦敦作为金融中心已经有数百年历史

2. 谁最先环游地球

洲赫：您能给我们讲讲世界上是谁最先环游地球的吗？

教授：世界上最先提出"地球是圆的"完整理论的人是亚里士多德。按照这一理论，从地球上任一地方出发，只要沿着同一方向旅行，一定能回到原点。但直到 1519 年，葡萄牙航海家麦哲伦率领他的船队从西班牙出发，一直向西航行，历经 3 年完成了环球航行，才用实践证明了地球是一个球体。尽管麦哲伦在完成环球航行壮举时，因为在菲律宾宿务岛卷入当地部族纠纷而失去生命，没能活着回去，但他的船队回到了出发的港口。

3. 我们的旅行路线

冯睿：福格先生环游地球是从伦敦开始，又回到伦敦的，那我们为什么要先从昆明到香港，而不是直接到伦敦，再从伦敦出发环游地球呢？

教授：这个问题问得很好，福格先生生活在伦敦，所以他环游地球的起点当然是伦敦，再回到伦敦。此次我们环球旅行是从居住地昆明出发，最后回到昆明。如果我们先飞到伦敦，从伦敦开始环游地球，回到伦敦后再回到昆明，那要重复很多路程，耗费更多的时间和金钱。

4. 我们与福格先生行程的区别

洲赫：我还有个问题，我们为什么不完全按照福格先生现成的路线顺序来走呢？我们与他的行程有什么不一样？

教授：这个问题问得也很好，我们要考虑路线怎么走最经济、最便捷，所以我们虽然要把福格走的路线中的所有国家和地区都走一遍，但不一定要严格按照他的顺序。我们的行程是一次环球文化之旅，不仅仅是重温福格先生的环球旅行壮举，而是要游览全部行程中的重要自然、人文景点。

出发前给孩子们讲"环游地球"

另外，限于当时的交通条件，福格先生的旅行主要依靠火车和轮船，在特殊情况下还乘坐了雪橇和大象。我们除了乘坐飞机之外，本次旅行还将体验现代欧洲高速火车与印度传统火车的不同，以及跨国邮轮航行。

5. 我们跟谁打赌

之晗：我的问题是，福格先生跟人打赌用 80 天环游地球一周，我们跟谁打赌呢？

教授：我们不跟谁打赌。我们要用 1/3 的时间走完福格先生环游地球经过的各个地点，挑战的是自己的意志和体力，当然也考验我们克服行程中困难的能力和智慧，你们做好准备了吗？

大家：我们做好准备了！出发！

边旅行边阅读《八十天环游地球》原著

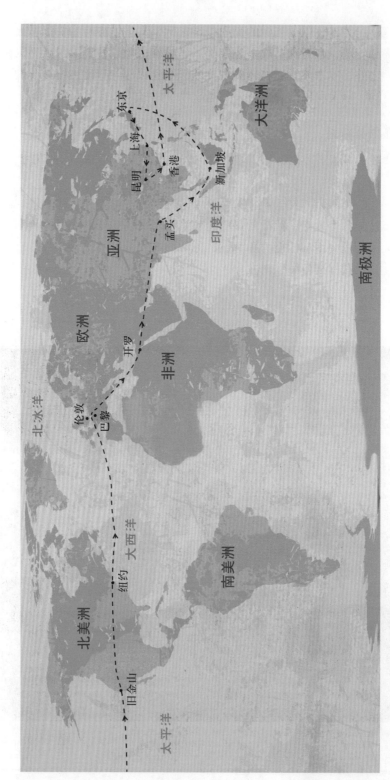

重走《八十天环游地球》之路

10

2 香港

行程第一天（2019年8月1日），昆明—香港
航班：东方航空MU733（13：40—16：05）

2019年8月1日，我们在昆明长水机场拍了"重走《八十天环游地球》——环游文化之旅"的出发照片并顺利办理登机手续。

登机后，13：40的航班延误到15：00才起飞，原因是香港的暴雨和大风天气。飞行2小时后我们一行人到达香港国际机场，办理完入境手续，入住酒店。

从酒店出来已近黄昏，我们先乘机场快线30分钟，到中环站下车后再前往的士站乘出租车，约10分钟后到达金紫荆广场。我们首先在蒙蒙细雨中参观金紫荆广场，然后从湾仔码头乘渡轮前往尖沙咀星光码头，并在大钟标志旁的观景台上拍摄对岸的香港岛全景。

此时雨停了，有风。我们从观景台经香港文化中心，在弥敦道的餐厅用过晚餐后，从尖沙咀地铁站乘车到九龙站，转乘绿色机场快线返回入住酒店。

2019年6月以来，香港持续发生暴力犯罪，甚至一度导致航班停运。我们也看到了暴力犯罪的情景，但很幸运地避开了。

我们这次旅行的第一站是香港，让我们来看一下，福格先生当年看过的香港是什么样。

香港不过是一个小岛，1842年鸦片战争之后中英签订了《南京条约》，这个小岛就被英国占领了。后来英国把这里建成了一座大城市和一个海港——维多利亚港。这个小岛位于珠江口上，距离对岸的澳门只有60英里（1英里≈1.61千米）。

这里有船坞、医院、码头、仓库，还有一座哥特式的大教堂和一个总督府，到处是碎石铺成的马路，这一切都使人觉得这是英国肯特郡或萨里郡的某一个商业城市，从地球的那一面钻过来，再出现在这一块中国的土地上了。

维多利亚港，这里聚集着各国的船只：英国的、法国的、美国的、荷兰的，其中有军舰，有商船，有日本的或是中国的小船，有大帆船、汽艇和舢板，甚至还有"花船"。

码头对面就有一家外表很吸引人的酒店……床上一个挨一个地睡了好些人，大部分人都在吸着长杆红瓦头的大烟枪，大烟斗上装着玫瑰露和鸦片制成的烟泡。不断有吸烟的人晕过去，倒在桌子底下，于是酒店的伙计就过去拖住他的脚和脖子，把他搬到板床上和那些已经晕过去

重走《八十天环游地球》之路

12

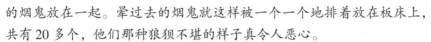

的烟鬼放在一起。晕过去的烟鬼就这样被一个一个地排着放在板床上，共有 20 多个，他们那种狼狈不堪的样子真令人恶心。

现在才知道他们是进了一家大烟馆。这个死要钱的大英帝国每年要卖给这些人价值 2.6 亿法郎的这种害死人的所谓"鸦片"药膏！利用人类最悲惨的恶习赚来的这笔钱是多么污秽呵！

中国政府曾经想用严厉的法律来禁止这种恶习，但是没有成效……男人女人都贪恋这种可悲的嗜好。他们一旦吸上了瘾，就再也戒不掉了，否则就会剧烈地胃痛。

我们这一次因为转机，只能在香港作短暂停留。同时也是因为香港回归后，已经是祖国的一部分，加上昆明离香港那么近，以后会有更多的机会来这里。

香港的景点很多，但有两个景点必须强调一下。

一个是金紫荆广场。1997 年 7 月 1 日，香港特别行政区成立，中央政府把一座高 6 米、名为"永远盛开的紫荆花"的铜质镀金雕像送给香港，寓意香港永远繁荣昌盛。金紫荆铜像被安放在香港会展中心旁，面对大海，因此这个广场也被命名为金紫荆广场。广场北角还矗立着高 20 米、建于 1999 年的香港回归纪念碑，纪念碑采用深色麻石，柱身正面是时任国家主席江泽民的题字。纪念碑柱身由 206 个石板重叠而

香港金紫荆广场

成，每块石板代表香港从 1842 年至 2047 年间的每个年份数。其中代表 1842 年、1860 年、1898 年、1982 年、1984 年和 1990 年 6 个年份的石板，采用较浅色的石料。纪念碑顶部 50 层石板代表香港特别行政区的生活方式保持 50 年不变。代表 1997 年的石板上装有 32 个光纤点，近看如同繁星闪耀，远观则成一光环。在金紫荆广场飘扬着中国国旗及香港特别行政区区旗，这里每天 8：00 举行升旗仪式，18：00 举行降旗仪式。

香港于 1997 年回归祖国，在此之前，她已离开祖国怀抱很长时间。闻一多先生的"七子之歌"中第三首写的就是香港。

第一次鸦片战争中清政府战败，被迫于 1842 年 8 月 29 日与英国签订了《南京条约》，将香港岛及鸭脷洲割让给英国。1860 年 10 月，清政府在第二次鸦片战争中再次战败，被迫签订《北京条约》，将九龙半岛界限街以南及昂船洲交给英国管治。1898 年，清政府与英国签订《展拓香港界址专条》，将深圳河以南、界限街以北的 230 个大小岛屿总计 975.1 平方千米的土地租借给英国，并将租借地称为"新界"，租期为 99 年（从 1898 年 7 月 1 日开始，至 1997 年 6 月 30 日期满），从此英国占领香港全境。虽然《南京条约》与《北京条约》皆指香港岛及鸭脷洲与界限街以南的九龙及昂船洲永久割予英国，但中华人民共和国拒绝承认《展拓香港界址专条》等所有相关不平等条约，只承认香港受英国管理，而非英国属地，并要求英国将香港岛和九龙连同新界一并交还。

1982 年 9 月，中华人民共和国政府与英国政府开始就香港前途问题展开谈判。英国首相撒切尔夫人在与邓小平的会晤中，高调坚持"三个条约有效论"，并且威胁说如果我们宣布收回香港，会带来灾难性的后果。但是邓小平同志坚定地说：香港，包括九龙、新界，主权问题是不能讨论的。我们从来没有承认过三个不平等条约，主权一直属于我们中国，这很明确，没有讨论的余地。

中英双方经过 2 年多达 22 轮的谈判，在邓小平领导的中国政府的强硬立场下，英方不得不步步退让，最终在 1984 年 12 月 19 日正式签署了《中英联合声明》，决定从 1997 年 7 月 1 日起，将香港的主权交还中国。1997 年 7 月 1 日，中国成立香港特别行政区，对香港恢复行使主权，包括香港岛、界限街以南的九龙半岛、新界等土地。

第二个景点是维多利亚港，这是位于香港岛和九龙半岛之间的海港。东起鲤鱼门，西面海界由青衣岛至香港岛。维多利亚港地处香港最著名的三个闹市商业区之间。晚上远处闹市区灯光璀璨，海景恬静迷人。眺望南岸香港岛，中国银行大厦是香港的地标式建筑，如一把利剑直冲云霄，香港岛上还可看到金紫荆广场、香港会议展览中心和国际金融中心。北岸是九龙半岛的天星码头、星光大道以及香港太空馆、香港艺术馆等著名景点。如果遇上节日，海边焰火齐放，火树银花，更是令人流连忘返。因此，人们把维多利亚港作为"东方之珠"的代表，称其为"世界最美的夜景之一"，同时，它也被美国《国家地理杂志》列为"人生50个必到的景点"之一。

维多利亚港夜景

要想体会香港的自然和民俗特点，应当到香港岛南部的浅水湾，这是香港最美的海滩。浅水湾呈月牙形，碧水清澈，白沙细小。顾名思义，浅水湾水浅，依山傍海，是港人夏天消暑的胜地，更因为水温常年为 16～27℃，一年四季都有游泳健儿下水游泳，浅水湾也是游人必至的著名风景区。景区内树影婆娑，附近有代表香港宗教文化的镇海楼公园，"天后娘娘"和"观音菩萨"两尊巨大塑像面海耸立，还有海龙王、河伯和福禄寿等吉祥人物塑像和七色慈航灯塔，我们对这种香港特有的不同宗教、民俗文化的融合印象深刻。

 **旅途思考与讨论**

香港的昨天和今天

冯睿：我注意到凡尔纳的原著里，香港是一个落后、贫穷、鸦片流行的
地方，与我们今天看到的繁华美丽完全不同。

教授：是的，香港曾经有过屈辱的历史，也曾经贫穷落后。香港如今变
得如此繁华，靠她与祖国的特殊联系，也靠香港人民的辛勤奋斗。
回归20多年来，香港一直保持着原来的生活方式，而当遇到国
际金融危机时，祖国又是她的强大后盾。

今天，我们办一个往来港澳通行证，坐上高铁就可以从北京、
上海或广州直接来到香港了。但回忆1990年我第一次到香港开
学术会议，手续足足办理了3个月才能成行。除了通过单位申请、
上级政审、获得任务批件才能办护照外，香港的签证要经过办理
英国签证和中国的驻港新华社两次审批，比直接到英国还难。为
此我不由感慨，香港回归祖国多不容易，我们怎能不发自内心地
爱她、保护她？

3 美国
——从旧金山到纽约

行程第二天、第三天（2019 年 8 月 2 日—8 月 3 日），香港—旧金山
航班：国泰航空 HX060 02AUG（13：10—11：15）
时差：旧金山时间＝北京（香港）时间－15 小时（夏令时）

让我们来看一下，福格先生当年看过的旧金山是什么样的。

12 月 3 日，格兰特将军号开进金门港，到达了旧金山。

旧金山港口里有许多随潮水升降的浮码头，这对于来往船只装卸货物非常便利。如果我们可以把这里的浮码头也算作美洲大陆的话，那么我们就应该说福格先生、艾娥达夫人和路路通在 7：00 已经踏上了美洲大陆。在这些浮码头边上，停泊着各种吨位的快帆船，不同国籍的轮船以及那些专门在萨克拉门托河和它的支流航行的有几层甲板的汽艇。浮码头上还堆积着许多货物，这些货物将运往墨西哥、秘鲁、智利、巴西、欧洲、亚洲以及太平洋上的各个岛屿。

福格先生一下船就打听好了下一班火车开往纽约的时间是 18：00。这样一来，他在这加利福尼亚州最大的城市旧金山还有一整天的时间。他花了 3 美元为艾娥达夫人和自己雇了一辆马车。路路通攀上了马车前头的座位，马车立即向国际饭店驶去。

路路通居高临下，十分好奇地欣赏着这个美国的大城市：宽阔的大街，两旁整齐地排列着低矮的房屋，盎格鲁撒克逊风格的哥特式大教堂和礼拜堂，巨大的船坞，像宫殿一样的仓库——这些仓库有的是用木板搭的，有的是用砖瓦盖的。大街上车辆很多，其中既有四轮马车和卡车，也有电车。人行道上满是行人，其中不仅有美国人和欧洲人，也有中国人和印第安人，他们组成了旧金山的 20 万居民。

看到这一切，路路通心里觉得很奇怪。在 1849 年时，这里还是一个传奇式的城市。好些杀人放火的亡命之徒和江洋大盗都到这里来找寻金矿。这里成了人类渣滓麇集之所，人们一手拿枪一手握刀来赌金沙。但这样的"黄金时代"已经一去不复返了。今天的旧金山是一座巨大的商业城市。那座设有警卫的市政大厦的高塔俯瞰着全城的大街小巷。这些街道都像刀切似的整整齐齐，直角转弯。马路中间点缀着满眼翠绿的街心公园。再往前去就是华人区，它真像是装在玩具盒里运来的一块中华帝国的土地。如今，在旧金山再也看不见那些头戴宽边大毡帽的西班牙人了，再也看不见爱穿红衬衫的淘金者了，再也看不见带着羽毛装饰的印第安人了。代替他们的是无数身穿黑礼服、头戴丝织帽，拼命追求名利的绅士。有几条街上两旁开着豪华的商店，在它的货架上陈列着世

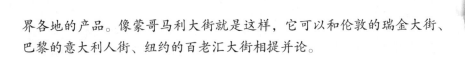

界各地的产品。像蒙哥马利大街就是这样，它可以和伦敦的瑞金大街、巴黎的意大利人街、纽约的百老汇大街相提并论。

我们 6 人这次从旧金山入关美国走的是人工通道，非常顺利。

在武汉同济医科大学认识 30 多年的老朋友虞京葳和同事祁仲夏开车接机，送我们入住旧金山联合广场酒店。酒店的位置很好，步行几分钟就能到达联合广场。联合广场名气很大，但在中国人对广场的概念中，它很小，比一个足球场还小。

到达当天，我们步行 10 分钟去看唐人街（Chinatown）。旧金山唐人街是美国最大的唐人街，也是亚洲之外最大的华人社区，历史悠久。

这里居住着 10 万余名华侨。人们的穿着是中国风格，商店招牌使用汉字，说的也是汉语（包括广东话）。随处可见中国传统风格的灯笼，还有中国牌坊和寺庙，从餐馆菜品到店铺杂货，呈现出一派中国味道。每逢中国春节，这里还有舞狮表演，俨然一个中国小社会。

次日上午，我们在酒店附近乘坐网上预订的可随上随下的旧金山城市之旅巴士（Big Bus）。随上随下旧金山巴士主要途经的景点有渔人码头、华盛顿广场、联合广场南部、旧金山市政中心、金门公园和金门大桥、旧金山艺术宫、九曲花街、唐人街等。我们的酒店不远处就是联合广场上车处，我们乘汽车先绕行了全线，耗时约 1 个多小时；第二圈再重点看景点。

旧金山要看的景点，首先就是金门大桥（Golden Gate Bridge）。这也是福格先生进入美国的港口。我们上午到达金门大桥时，雾气很大，金门大桥在浓雾中时隐时现。世界上的桥数以亿计，但说到著名的桥，金门大桥一定排列在前几位。具体原因如下。

第一，它是建筑史上的奇迹。金门大桥桥身全长 1 900 多米，由桥梁工程师约瑟夫·施特劳斯（Joseph Strauss，1870—1938）设计。1933 年 1 月 5 日，金门大桥开始建设，1937 年 5 月 27 日通车，历时 4 年 4 个月，共使用钢材 10 万多吨，耗资达 3 550 万美元，是当时世界上最长（2 737 米）的悬索桥。巨大的桥塔高达 227 米，每根钢索重 6 412 吨，由 27 000 根钢丝绞成。这在当时是举世闻名的艰难工程，因其历史价值，2007 年英美两国合拍了纪录片《金门大桥》。

第二，它具有重要的地理位置。金门大桥雄峙于宽 1 900 多米的旧金山海湾入口金门海峡之上，两岸如峡谷般险峻。这条深水航道 1579 年由英国探险家弗朗西斯·德雷克发现并命名。金门这个名字与 19 世纪的淘金潮紧密相关，是淘金者进入北加利福尼亚的必经之路。金门大桥横跨南北，将旧金山市与马林县连接起来，每天有 10 万以上的车辆通过。

第三，金门大桥以优美的造型著称。这座桥被公认为世界上最漂亮的建筑之一。金门大桥的颜色并不是正红，而是艳丽的朱红色。当船只驶进旧金山时，首先看到的就是金门大桥。晴天，大桥如彩虹横卧于碧海白浪之上；晨雾中，大桥隐隐泛出红色；而华灯初放时，大桥如巨龙凌空，使旧金山的夜空景色更加壮丽。所以，每个月都有数以百万计的游人来此观光摄影，将其视为旧金山的象征和美国之旅的纪念。

渔人码头

最后一点，金门大桥是以"自杀圣地"闻名于世的桥梁。从建成起，金门大桥就成为世界上最著名的自杀场所之一。据1993年的统计，在此一跃而下诀别人世的人数已达1 000，自此以后当局决定不再公布正式统计数据。2005年3月，金门大桥管理层曾讨论过投巨资安装防自杀网的可行性，但因为经费未落实以及对效果的质疑，该计划至今未实施。

看完金门大桥，我们返回渔人码头，午餐吃了当地名小吃——硬壳面包盛蛤蜊汤和热狗。

只要来过旧金山，城市道路起伏一定会给你留下深刻印象。而最令

金门大桥

人难忘的,应当是九曲花街。九曲花街的正式名称为伦巴底街（Lombard Street），在旧金山海德街与莱温街之间。这段坡度非常陡的街道原本是直线通行的，但考虑到行车安全，该路段在 1923 年被改成目前所见的"Z"字形，利用长度换取空间，减缓道路坡度的大小，还用砖块铺成路面，增加摩擦力。

九曲花街其实不算长，却有 8 个急转弯，是世界上最独特的街道。因为有接近 40° 的斜坡，所以车子只能向下单行，且时速必须减至 5 英里以下。这条街道上遍植花木：春天的绣球、夏天的玫瑰、秋天的菊花把它点缀得花团锦簇。在花街高处还可远眺海湾大桥和科伊特塔。为了欣赏美丽景色，我们提前下了车，顺着花街两旁的人行步道下行。把一段险路变成城市的著名景点，真是旧金山的独创。

行程第四天、第五天（2019 年 8 月 4 日—8 月 5 日），旧金山—纽约
航班：美国联合航空 UA295 04AUG（8：15—16：45）
时差：纽约时间 = 旧金山时间 +3 小时 = 北京时间 − 12 小时

到纽约来，有两个博物馆值得一去：一个是大都会艺术博物馆（Metropolitan Museum of Art），另一个是美国自然历史博物馆（American

大都会艺术博物馆里的埃及丹铎神庙

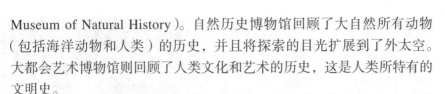

Museum of Natural History）。自然历史博物馆回顾了大自然所有动物（包括海洋动物和人类）的历史，并且将探索的目光扩展到了外太空。大都会艺术博物馆则回顾了人类文化和艺术的历史，这是人类所特有的文明史。

大都会艺术博物馆占地面积为 13 万平方米，建于 1870 年，是与巴黎卢浮宫、伦敦大英博物馆和俄罗斯圣彼得堡的艾尔米塔什博物馆（即

参观大都会艺术博物馆

大都会艺术博物馆里的印加金面具和玛雅石雕

大都会艺术博物馆里的中国唐代佛像和元代药师经变图局部

冬宫）并列的世界四大著名博物馆。

　　大都会艺术博物馆有五大展厅，分别展出古代世界艺术（包括古代近东艺术、古埃及艺术、古希腊罗马艺术）、世界文化（包括亚洲艺术，伊斯兰艺术，非洲、美洲、大洋洲艺术，以及武器和盔甲、乐器）、欧洲艺术（包括中世纪艺术、修道院分馆、绘画、雕塑及装饰艺术）、美国之翼、现代艺术（包括现当代艺术和摄影，还有一个时装学院的展出）。这些展品分 240 多个陈列室展出，展品是从馆内多达 300 万收藏品中分期选择展出的。好在博物馆只有两层，分区十分明确，按照标识可以从一楼到二楼依次参观，完成参观需要 2～3 小时。

　　我们首先进入的是一楼大厅，高高耸立的大理石穹顶营造了庄严华丽的氛围。在埃及艺术厅，有 2 万多件艺术品，从埃及古王朝时期的木乃伊、石雕、木雕到埃及罗马时期精致的宝石胸饰，琳琅满目的展品串起了埃及的每个历史时期，使你能了解埃及漫长的历史变迁和深厚的艺术底蕴。尤其要提到的是，这里有世上唯一的一座埃及领土范围之外的古埃及神庙——丹铎神庙（Temple of Dendur）。这是 1965 年埃及政府为感谢美国在尼罗河水位上升时抢救了大量埃及文明遗迹

而赠送美国，将其从埃及下努比亚地区整体搬来重建的，直到1978年才开始展出。

古代近东艺术厅最值得看的是高达3.1米的人首翼狮石雕，这是世界最早的文明之一——两河文明美索不达米亚的代表艺术品，来自如今的伊拉克尼姆鲁德。2015年4月，极端组织"伊斯兰国"几乎把尼姆鲁德的亚述古城夷为平地。非洲、大洋洲、南美洲、北美洲艺术区也相当具有特色，印加帝国的黄金艺术品和玛雅文明的艺术品值得你久久驻足。

兵器与盔甲区是大都会艺术博物馆中很特别的展区，整排骑士群雕威风凛凛，不同时代、不同国家和地区的金属铠甲仿佛刚刚从战士身上脱下来，这是青少年，特别是男孩的最爱。

美国之翼区以一座矗立着金光闪闪的黛安娜女神雕像的广场开始，展出美国17—19世纪的绘画，还有19世纪初期美国富人家中富丽堂皇家具的展区。美国馆一幅最有名的绘画是《华盛顿横渡特拉华河》，这幅3.79米×6.48米的巨幅油画是德国艺术家埃玛纽埃尔·洛伊茨于1851年创作的。描绘了1776年12月25日（美国独立战争期间），华

大都会艺术博物馆里的兵器馆

盛顿在战局不利的关键时刻带领士兵横渡特拉华河突袭黑森雇佣兵，从而扭转时局的历史故事。这幅画对美国而言非常重要，所以华盛顿白宫西翼里也悬挂着这幅画的副本，供每一任美国总统向来宾"炫耀"美国历史。

大都会艺术博物馆有很多世界著名的绘画，例如凡·高的《自画像》、莫奈的《池塘》、雷诺瓦的《弹钢琴的少女》，以及毕加索、塞尚等艺术家的作品。

亚洲艺术品区，我们看到许多珍贵的中国艺术品，有些是国内无法看到的。如钧瓷和汝瓷珍品、西汉的舞女陶俑、唐代的佛像、唐代画家韩幹的《照夜白图》、宋徽宗的《翠竹双雀图》，以及黄庭坚、赵孟頫、八大山人的书画。这里甚至还有一座局部借景建立的明代风格的中国园林。当然，最难得的是元代巨幅壁画《药师经变图》，不知道这幅长达 7.5 米的泥墙上的壁画是如何从山西洪洞县的广胜下寺来到这里的。

上午，结束了大都会艺术博物馆的参观，我们在我以前的研究生陈阳的带领下到米其林餐馆就餐。午餐后陈阳和她 8 岁的儿子继续陪我们参观美国自然历史博物馆。

美国自然历史博物馆位于纽约曼哈顿，建于 1869 年，占地超过 7 公顷，离大都会艺术博物馆很近。博物馆正门是西奥多·罗斯福（不是二战中的罗斯福）的戎装塑像。西奥多·罗斯福于 1901—1909 年间任美国总统，总统山四位美国历史上最伟大总统巨型石雕像之一就是他。他被誉为美国保护自然资源之父，因为在任期内建立了美国历史上第一批自然资源保护区。这个博物馆也是在罗斯福的支持下才建立起来的。

美国自然历史博物馆最著名的是古生物收藏，囊括了世界各大洲的代表性标本。游客争相在长 12 米、高 5 米的恐龙骨架，高 94 英尺（1 英尺 =30.48 厘米）的蓝鲸模型前合影留念。

美国自然历史博物馆永久收藏 3 200 多万件标本和史前古器物，包括天文、矿物、人类、古生物和现代生物 5 个类别，分 4 个楼层展出。

在一楼，美洲丛林中的象群、狮子、麋鹿等各种兽类标本仿佛随时可以跑过来。软体动物和海洋生物、人类进化与印第安人、宝石等展览内容享誉世界，宝石馆还珍藏了一颗罕见的 100 克拉星光红宝石。二楼和三楼，最吸引孩子们的有亚洲、非洲哺乳类动物和世界鸟类展览；而我对人类学展览，包括亚洲、非洲、南美洲人种，北美印第安人，米德太平洋人种展览厅更感兴趣。四楼的特色是灭绝动物和原始哺乳类动物展览，巨大的恐龙骨架在展厅中"顶天立地"。除此之外，天文馆里直径 23 米的太空剧场的球幕电影是孩子们的最爱。

美国自然历史博物馆不仅藏品丰富，而且以不同展馆的精巧构思和互动著称。如果时间充裕，在里面可以花上 2～3 天时间。细细品味不同影片，感受震撼的音响效果；观察实物标本和可接触标本，参与互动和知识检验；两个孩子坐上一辆虚拟的出租车，突然一只恐龙奔跑过来追随出租车，险象环生，孩子和恐龙的互动视频可以即时保存在自己的邮箱里留作纪念。

美国自然历史博物馆还拥有一座藏书超过 48 万册的图书馆，每周都举办教育讲座，每月还出版一期《自然史》杂志。

参观完美国自然历史博物馆，我们去了洛克菲勒中心、时代广场、一个同时看布鲁克林桥和另一座桥的景点 Dumbo、第五大道、新景点大菠萝，还在车上看到了世贸大楼遗址和白鸽地铁站。

在纽约的第三天，早餐后，我们乘车登岛去看自由女神像。自由

美国自然历史博物馆内的历史名画《华盛顿横渡特拉华河》

女神像全名为自由女神铜像国家纪念碑，正式名称是自由照耀世界，位于美国纽约海港内自由岛的哈德逊河口附近。

自由女神穿着古希腊风格的服装，头戴光芒四射的冠冕（七道光芒象征七大洲），她右手高举象征自由的火炬，左手捧着一块铭牌，上面刻着 July Ⅳ MDCCL X X Ⅵ（1776 年 7 月 4 日，《独立宣言》发布的日期），脚下是打碎的手铐、脚镣和锁链，象征着挣脱暴政的约束和自由。

自由女神像是法国为纪念美国独立战争期间的美法联盟而赠送给美国的礼物，由法国著名雕塑家奥古斯特·巴托尔迪在巴黎设计并制作，历时 10 余年，于 1884 年 5 月完成，1885 年 6 月装箱运至纽约。1886

参观美国自然历史博物馆

美国自然历史博物馆收藏的大型鱼标本　　自由女神岛

年 10 月，当时的美国总统克利夫兰亲自在纽约为自由女神像主持揭幕仪式。自由女神像是美国的象征，表达美国人民争取民主、自由的崇高理想。

1984 年，美国自由女神铜像国家纪念碑被列入世界遗产名录。

由于自由女神像恰在轮船航线附近，当海轮驶入上纽约湾内时，首先映入旅客眼帘的就是这座巨大的铜像。自由女神像内部是空的，以前可搭电梯直达铜像头部。

我们到爱利斯岛看了美国移民史博物馆，那里记录着数百万移民漂洋过海来到美国的历史。随后我们一行六人从曼哈顿岛返回纽约，游

夕阳下的纽约曼哈顿岛

爱利斯岛的移民照片

览中央公园后来到机场，乘飞机前往英国伦敦。

 旅途思考与讨论

1. 唐人街的历史

冯睿：我昨天在唐人街与一位华人老人交谈，他竟然说不懂英语，改用
　　　汉语和我交谈，而他在这里生活已经几十年了，这可能吗？

教授：这是可能的。唐人街有些华人从小就生活在封闭的华人底层圈，
　　　几乎没有机会接触外界，所以他们不会说英语。

　　　现在很多游客来唐人街是为了吃到地道的中国美食。其实我
　　　们更应当了解唐人街的心酸历史。有人说得好，漂流海外的一代
　　　代中国人总是以悲情为地基，以磨难为梁柱，打造出安身立命的
　　　生根地，其间辛苦和付出的历史，也是唐人街形成的历史。

　　　19世纪末，美国兴起西部淘金热，广东等地的中国穷人被"卖
　　　猪仔"招募到加州修筑太平洋铁路和淘金，他们被当时的政府视

为"次等公民",规定他们居住在特定区域内,最早就是都板街(Grant Avenue)为中心的小范围内。后来,华人觉得需要抱团取暖,加之新的移民不断迁入,从而就成了规模浩大的唐人街。

在过去,世界各地的唐人街几乎与屈辱连在一起,除了中国餐馆外,唐人街往往还与肮脏、动乱联系在一起。好莱坞以唐人街为背景和以华人为角色的影片中,也往往充满歧视和歪曲。因此,没有种族歧视的国家也没有唐人街。幸运的是,今天,中国强起来了,成为华人的坚强后盾,海外华人受人歧视侮辱的日子已经一去不复返了!

2. 五月花号和美国历史

洲赫:刚才在移民岛看了很多图片,美国人都是移民来的吗?

教授:除了少数印第安原住民外,美国人都是移民来的。借这个机会,给你们讲讲美国简史。

1620年9月23日,一艘排水量约180吨、长27米的名为"五月花号"的帆船,载着102名在英国本土受到迫害的清教徒,在牧师布莱斯特的带领下离开英国港口,驶向遥远的彼岸。

在海上,他们经历了缺水、断粮、风浪等种种严峻考验。1620年11月11日,在经过了66天的漂泊之后,北美大陆的海岸线映入他们的眼帘。本来,他们的目的地是哈德逊河口地区,但海上风浪险恶,使他们错过了预定的目的地,最终在现在的美国东海岸马萨诸塞州普利茅斯登陆。

上岸前,船上的41名成年男子讨论着如何管理未来的新世界的问题,经过激烈的讨论,他们决定签署一份公约,就是《五月花号公约》(The Mayflower Compact)。公约的主要内容是:"为了上帝的荣耀,为了增加基督教的信仰,为了提高我们国王和国家的荣耀,我们漂洋过海,在弗吉尼亚北部开发第一个殖民地。我们这些签署人在上帝面前共同庄严立誓签约,自愿结为民众自治团体。为了使上述目的能得到更好的实施、维护和发展,将来不时依此而制定颁布被认为是对这殖民地全体人民都最合适、最方便的法律、法规、条令、宪章和公职,我们都保证遵守和服从。"

在公约上签字的 41 名清教徒理所当然地成为普利茅斯殖民地第一批有选举权的自由人，这批人中有一半未能活过 6 个月，剩下的一半就成为殖民地的政治核心成员。据说当年五月花号首批移民的后裔现在已达 3 500 万人，几乎占美国人口的 1/9。在美国人看来，五月花号载来的那 100 多人，就是美利坚民族的起源，而《五月花号公约》对美国的影响从签订之始贯穿到如今，是美国建国的基础，也是现在美国信仰自由、法律等的根本原因。

北美洲原始居民为印第安人。1607—1733 年，英国殖民者先后在北美洲东岸（大西洋沿岸）建立了 13 个殖民地。在 18 世纪中期，殖民地的经济、文化、政治相对成熟，殖民地议会仍信奉英王乔治三世，不过他们追求与英国国会同等的地位，并不想成为英国的次等公民。为此，殖民地与英国之间产生了裂痕，英国继续对北美地区采取高压政策，引起了北美地区居民的强烈不满。1776—1783 年，北美十三州在华盛顿的领导下取得了独立战争的胜利，宣告美国正式诞生。美国先后制定了一系列民主政治的法令，使其逐步成为一个完全独立的民族主权国家。

美国独立后积极进行领土扩展，美国领土逐渐由大西洋沿岸扩张到太平洋沿岸。这时美国经济发生了显著变化，北部、南部经济朝着不同的方向发展，南北矛盾日益加重。1861 年 4 月—1865 年 4 月，以奴隶主为代表的美国南方与以资产阶级为代表的美国北方之间爆发了南北战争（又称美国内战）。最终美国北方获胜，统一了美国，并且废除了奴隶制度。

后来美国完成了工业革命，经济实力大大增强，两次世界大战奠定了美国在资本主义世界中的霸主地位。冷战结束后，美国成为世界上唯一的超级大国。

进入 20 世纪 90 年代，美国以计算机产业为引领，带动全球的高科技信息产业发展，催生了新一代产业革命。抗日战争中，美国曾给予中国极大支持，但在后来很长的时间里，中美处于对立和隔绝状态。直到 1972 年美国总统尼克松接受中国领导人邀请访华，发表了《中美上海公报》，两国关系"破冰"；在邓小平时代，1979 年 1 月 1 日，《中美建交公报》生效，实现了两国关系正常化；这才给了我们今天访问美国的机会。

美国无疑仍是世界上实力最强大的国家，具有科技、人才、地理、自然的绝对优势。中美建交 40 年来，通过合作在很多方面实现了共赢。尽管双方在意识形态等方面具有重大分歧，但合作共赢仍是中美关系的总趋势。

3. 国际日期变更线

之晗：我记得我们从香港出发是 8 月 2 日中午 13：10，在飞机上飞行了
　　　13 小时，到旧金山是当地时间的 8 月 2 日 11：15，好像 13 小时不
　　　算，飞到美国还赚了 2 小时。

教授：对，这里就要引入国际日期变更线的概念。

　　　首先，我们得从地球的自转和公转讲起。地球是太阳系中的
　　一颗行星，它绕太阳公转一圈是一年。除此之外，它每天还自西
　　向东自转一周。因此，在一天中，地球被太阳光照射的半个球面
　　形成白昼，背着太阳光的另外半个球面便是黑夜，它们之间的过
　　渡带是清晨和黄昏。地球的自转使地球上的不同地方晨、昼、昏、
　　夜不断地自东向西移动，循环往复。

　　　平时我们说的时间几点几分，严格说应当称为"时刻"。世
　　界各地的人都习惯于将日上中天，即太阳处于正南方的时刻定为
　　中午 12：00，但此时地球另一侧正好背对着太阳的地点，其时刻
　　就是午夜 24：00。这样符合人们习惯，上午 8—9 点在阳光下开
　　始工作，晚上 23：00—24：00 在黑暗中睡眠。这种在地球上某
　　个特定地点根据太阳的具体位置所确定的时刻，称为"地方时"。
　　如果全世界使用统一的时刻，不同地方人的作息与当地时刻就不
　　能吻合，变成有人上班是晚上 20：00，睡觉是中午 12：00。

　　　而如果世界各地都有自己的"地方时"，这就容易出现混乱。

　　　要想解决这个问题，就应该规定一条全世界共同的、可供对
　　照的"日期变更线"，这条"日期变更线"就叫"国际日期变更线"。
　　1884 年的国际经度会议正式建立了统一世界计量时刻的区时系
　　统。该系统规定，地球上每 15° 经度（即太阳 1 小时内走过的经
　　度）作为一个时区。这样，整个地球的表面就被划分为 24 个时区。
　　中央经线（即本初子午线）被规定为 0°，向东、向西分别为东
　　西经 15°、东西经 30°、东西经 45°……直到 180° 经线，在每条
　　中央经线东西两侧各 7.5° 范围内的所有地点，一律使用该中央经
　　线的地方时作为标准时刻。区时系统在很大程度上解决了各地时
　　刻的混乱现象，使世界上只有 24 种不同的时刻存在，而且由于
　　相邻时区间的时差恰好为 1 小时，这样各时区间的时刻换算就变
　　得极为简单。因此，一百年来，世界各地一直沿用这种区时系统。

　　　按照这一区时系统，假如你由西向东周游世界，每跨越一个

时区，就得把你的表向前拨 1 小时，这样当你跨越 24 个时区回到原地后，你的表也刚好向前拨了 24 小时，也就是第二天的同一钟点了；相反，当你由东向西周游世界一圈后，你的表指示的就是前一天的同一钟点。为了避免这种"日期错乱"现象，国际上统一规定 180° 经线为国际日期变更线。当你由西向东跨越国际日期变更线时，必须在你的计时系统中减去 1 天；反之，由东向西跨越国际日期变更线，就必须加上 1 天。

在地图上，我们可以很容易根据经线向东或向西数，跨越经度 15° 就相差 1 小时，东加西减。

我们的出发地是香港，与北京同属于中国东八区，旧金山属于美国西八区，在美国没有采用夏令时的情况下，北京比旧金山快 16 小时。但美国每年大约在 3—10 月采用夏令时，将时间拨快 1 小时，时差会变为 15 小时，现在就是夏令时。

我们出发的时间是北京时间 8 月 2 日 13：00，我们飞行了 13 小时，到达时是北京时间的"26：00"，但因为时间减去 15 小时，所以是旧金山时间的上午 11：00，我们赚了 15 小时。但返回时要赔回这 15 小时，如果同样从旧金山乘 8 月 26 日 8：00 的飞机飞回香港，飞行还是 13 小时，到达时就是旧金山时间的 21:00，但时差加 15 小时，已经是香港时间 8 月 27 日的 12:00 了，好像飞行了 28 小时。

福格先生的旅行正好是自西向东，去时的时差是逐渐变化的，路路通拒绝拨表，回程漫长的轮船旅行，刚好跨过国际日期变更线，所以他赚了 24 小时，最终在打赌中反败为胜。

4 横跨
美国东西的大铁路

在小说《八十天环游地球》里，福格先生乘坐火车从旧金山到纽约是一段非常重要的旅程，印第安人追杀火车旅客、路路通听摩门教教士讲学等都发生在火车上。让我们看看小说中关于福格先生这段旅程的描写。

"一线通两洋"，这句话是美国人对这条从太平洋到大西洋、横贯美洲腹地的铁路干线的总称……从旧金山到纽约，是由一条至少有3 786英里长的完整的铁路线连接起来的。

铁路要穿过一片至今还经常有印第安人和野兽出没的地区……这些亡命的印第安人拦劫火车已经不是头一回了，在这以前，他们也干过好几次。他们总是用这样的办法：不等火车停下来，上百人一起纵身跳上车门口的踏板，然后就像在奔跑中翻身上马的马戏团小丑似的爬上了车厢。

"先生，火车上的时间实在是又长又难熬啊。""是的，"福格回答，"不过，时间在分秒不停地过着。"

这支野牛群队伍整整走了3小时，天黑的时候铁道上才空下来。在最后几头野牛越过铁轨时，走在最前面的野牛已经在南方的地平线上消失得无影无踪。

在福格先生的计划中，从旧金山至纽约计划乘火车7天。由于与印第安人的冲突以及找寻路路通，福格一行错过了冲突后重新开行的火车，他不得不乘带风帆的雪橇走了一段路程。不过，他总算到达了纽约附近的轮船码头，尽管他计划搭乘的开往英国的邮轮已经开走了。

那么，我们这次旅行能不能也像福格先生一样乘火车从旧金山到纽约呢？

首先，现在已经没有这样从旧金山横跨美国东西到纽约的长途客运火车了。美国不是一个主要发展铁路客运系统的国家。

在历史上，美国铁路曾经辉煌一时，引领美国经济腾飞。1825年，世界第一条铁路在工业革命发祥地英国诞生。4年后，美国第一条铁路——巴尔的摩到俄亥俄铁路竣工。从那时开始，美国铁路建设走向高潮。最初20年内美国的铁路总里程就增至1.4万千米。直到今天，美国铁路的总里程数还稳居世界第一。

随着汽车工业的蓬勃发展，美国汽车普及到几乎人手一辆，美国的公路系统遍布全国。人们青睐汽车，火车的成本反而增高了。加上美国飞机制造业的发展使航空网络通达每一个主要城市，机票价格不断降低。现在美国已经形成长途出行靠飞机、短途出行靠汽车（自己驾车或是乘坐廉价快捷的灰狗巴士）的格局。

现在美国东北部城市密集区的铁路客运系统还是比较发达的。纽约的中央车站仍然是全世界最大的火车站之一。充满着加州热带风情的洛杉矶联合火车站是许多好莱坞电影的选景地。而在美国其他地区，客运铁路系统已经退居次要地位。铁路客运目前是"票价比飞机贵、速度比汽车慢"，且美国也无意发展高速铁路。

但现在还是有人会选择乘坐火车出行，主要是考虑观赏沿途的风景和享受豪华列车包厢的舒适。如果我们选择从旧金山乘火车到纽约，所经路线长达 3 400 英里，需要 4 天以上的时间，比福格时代仅仅短了 2 天多。且这一段旅途需要多次换乘，车票价格也高出机票很多，所以我们选择了直接从旧金山乘飞机到纽约。当然，乘火车可以欣赏到沿途荒凉壮丽的西部景色，以及洛基山脉险峻的科罗拉多峡谷、内华达山脉的森林和溪流等壮丽风景。

提到从旧金山横跨美国东西到纽约的大铁路，不能不提到华工为此付出的血汗、牺牲以及他们受到的不公平待遇。2019 年 5 月 10 日，美国交通运输部部长赵小兰在纪念第一条横贯美国大陆的铁路"金钉"竣工 150 周年仪式上发表了专题演讲。她高度肯定并赞扬了华工所做出的牺牲和贡献，对他们承受的沉重代价表达了姗姗来迟的敬意。美国内战结束后的短短几年间，这条横贯美国的铁路改变了美国，东西两岸各州的人民、土地从此紧密相连。超过 1.2 万名华工在极端危险严酷的条件下，勇敢地凿穿崎岖的内华达山脉，开通隧道，铺设轨道。有 500～1 000 名华工丧生，而这些华工却没有机会把他们的家人带到美国团聚或成为美国公民。

另外，《八十天环游地球》中有一大段在火车上抵抗印第安人的描述，这让读者感到印第安人非常可怕。其实，北美印第安人才是美洲的原住民，属蒙古人种的美洲支系。多数学者认为，美洲印第安人是在大约 25 400 年前分多批从西伯利亚经白令海峡到达阿拉斯加，再逐步向南迁徙，一直抵达美洲最南端，散布于整个美洲。印第安人的名称来源于哥伦布"发现"新大陆时，以为他们到达的是印度，所以就用"印度"的词根把当地居民称为"印第安人"（Indians）。

据估计，16 世纪初，居住在北美洲的印第安人约有 150 万，在中美洲及南美洲更多。这些原住民在遗传、语言、社会等方面都有很大差异。他们分别从事采集、渔猎、游牧和农业。15 世纪末，欧洲殖民者最初来到北美时，印第安人曾热烈欢迎、慷慨帮助。但殖民者站稳脚跟之后，就开始夺取印第安人的土地，采取武力和欺诈手段把印第安人从他们世代居住的土地上赶走，甚至采取野蛮的种族灭绝政策。加上原住民对殖民者带来的疾病毫无抵抗力，印第安人人口锐减。1865 年，美国的印第安人只剩下 38 万。仅在 19 世纪，美国就对各印第安人部落发动了超过 200 次袭击与扫荡性战争，在被驱逐与征服的过程中，印第安人也与殖民者进行了英勇的斗争。凡尔纳写《八十天环游地球》的时代，正是印第安人与白种人殖民者斗争剧烈的时代，在欧洲白种人凡尔纳笔下，印第安人当然非常可怕。

幸运的是 20 世纪以来，美国政府和人民认识到对印第安人的不公正，采取了一系列纠正和保护措施。据 1980 年人口统计，美国印第安人数达到了 136.1 万，占美国人口的 0.6%，他们大多居住在 26 个州的 200 多处印第安人保护区内。并开始组织自己的政治文化团体，争取生存权利，反对种族歧视，保存自己的文化传统。

此外，在《八十天环游地球》中还有一大段关于盐湖城和摩门教（Mormon）的描写。让我们先读一下原文。

路路通走过去看了看，告示上写着：摩门传教士维廉赫奇长老决定趁他在第 48 次客车上旅行的机会，举行一次有关摩门教教义的布道会，敦请有心士绅前来聆听"摩门圣教徒灵秘"，时间：11:00—12:00，地点：第 117 号车。

"没说的，我一定去。"路路通自言自语地说，其实他对于摩门教，除了那种构成这个教派基础的"一夫多妻制"的风俗之外，什么也不知道。

维廉赫奇长老从圣经纪事的年代开始，阐述摩门教的历史，他响亮的声音和有力的手势，使他的叙述更加生动，他叙述了当时在以色列的约瑟部落里，有一位摩门教先知，他如何把新教年史公布于世，他又如何把这新教年史传留给他儿子摩门；后来又经过了很多世纪，这本珍贵的年史又如何经小约瑟·史密斯之手从埃及文翻译出来（小约瑟·史密斯是佛蒙特州的一个司税官，1825 年，人家才知道他是个神奇的先知），后来他又如何在一个金光四射的森林里遇见了天使，天使又如何把真主的年史交给了小约瑟·史密斯。

现在只剩下 10 位听众了，路路通就是其中的一位。这个老实的小伙子倒是一心一意地听着长老的说教。这样接着听下去，他知道了史密斯经受了无数次的迫害之后，又如何在伊利诺伊州出现，并且在 1839 年如何在密西西比河沿岸建立了一个新城努窝拉贝尔，那里的居民总数增加到 2.5 万人；后来史密斯又如何做了市长，做了这个城市的最高法官和军队统帅；在1843年，他自己又如何提出参加竞选美利坚合众国总统；后来又如何在迦太基受人陷害被关进监狱，最后来了一帮蒙面人就把史密斯杀害了。

这时，路路通成了这个车厢里独一无二的听众了。维廉赫奇长老目不转睛地注视着他，想要用言语开导他信教。于是继续对他说：史密斯被害之后，又过了两年，他的继承人，受真主感召的先知小布里翰就离开了努窝拉贝尔，到这咸湖沿岸一带定居下来，这里是一片美丽的土地，周围也全是肥沃的良田，这里是许多移民穿过犹他州到加利福尼亚去的阳关大道。先知小布里翰就在这里建立了新的根据地；由于摩门教一夫多妻制的风俗影响，这个根据地就大大地发展起来了。

作为心甘情愿抱独身主义的路路通，看到摩门教几个女人共同负起使一个男人幸福的责任，有点吃惊。按他的逻辑来说，做这样的丈夫一定会叫苦连天。他认为一个男人必须同时带着这么多妻子辛辛苦苦地过日子，将来还要领着这些妻子一块儿进摩门教徒的天堂，到了天堂之后还要跟她们永远地生活下去。

这些事对路路通说来，简直太可怕了。

在这里，我想给你们讲讲摩门教与盐湖城。

由于我有医学院的同学、几十年的好朋友定居盐湖城，盐湖城成了我到美国造访次数最多的城市之一。盐湖城是个很安静的城市，全城有56%的人口是摩门教徒，被称为美国市容最整洁、犯罪率最低的城市，人们非常友好。

盐湖城有两所非常有名的大学，一所是犹他大学，遗传学、医学、医学检验学科实力享誉全球。杨伯拉翰大学属于摩门教教会大学，贫穷的学生可以通过成为摩门教徒获得资助，但日后若事业成功必须回报。摩门教堂里，有非常详细的世界各地人群档案，尤其是信徒和非信徒的家族档案，记录内容包括他们的疾病、死亡。20世纪90年代，我第一次访问那里时，他们知道我是做人类和医学遗传学研究的，曾经和我交流过，问我愿不愿做一些合作。

摩门教的正式名称为耶稣基督后期圣徒教会，早期中文译名是"耶稣基督末世圣徒教会"，因为末世会引起"世界毁灭"的误解，现在已不用"末世"这个词。摩门教因信仰《摩门经》而被一般人称为摩门教，但教徒认为应当用"后期圣徒"称呼他们。摩门教徒也信仰上帝、基督耶稣，但不属于基督信仰各宗教派别的任何一个分支，它在信仰内容上与基督教有别，自成一派。创始人约瑟夫·斯密斯（Joseph Smith Jr.,

1806—1844）使信徒相信他们的教会是新约时代由耶稣亲自建立的教会的现代复兴：摩门教认为耶稣已经死而复生，十字架是虐待和杀死耶稣的工具，所以摩门教徒不佩戴十字架，摩门教堂里也没有十字架。据教会 2005 年底公布的数字，摩门教徒教会共有会友 1 200 多万人，其中 600 多万人居住在美国以外的地区。

我最早是从柯南道尔《血字的研究》中知道摩门教的，大家津津乐道的常是摩门教的一夫多妻制。教派的解释是，在历史上摩门教徒曾经长时期遭受迫害，被迫长途跋涉迁徙寻找安居的地方。当时实行一夫多妻，是为了在长途迁徙中，以这种方式保护寡妇和柔弱的女子，多妻和多生孩子可以增加摩门教家族人口以及减少寡妇独力抚养子女

摩门圣殿夜景

的压力。当然，摩门教创始人约瑟夫·史密斯曾经拥有 40 多个妻子，最小的年仅 14 岁，显然不能拿上述理由来解释。多妻制度也是摩门教被诟病和敌视的主要原因之一。实际上这种一夫多妻的制度在 1890 年时就已经被摩门教主流教派终止了。现在教会宣讲的是：后期圣徒认为一男一女的婚姻制度，是神在创世时代起，为了人类的幸福来制定的，建立婚姻的目的是创造骨肉身体予灵魂居住，灵魂与肉体结合成为活人。但还有极少数信徒坚持一夫多妻，并因此引发了法律争议。

摩门教会建立的前 10 年里，美国东部很多州敌视摩门教，有的州甚至下达驱逐令，摩门教一些信徒被迫拖家带口从美国东部的纽约州往

摩门圣殿内巨大的管风琴

俄亥俄州、密苏里州西部、伊利诺伊州长途迁徙。摩门教创始人约瑟夫·史密斯于1844年6月在伊利诺伊州的一家监狱里被暴徒谋杀后，教会里十二使徒之一的杨伯拉翰被指定为新的先知和教会会长，他带领大部分教徒继续迁徙，最终在美国中部的大盐湖山谷一带定居。盐湖城即为教徒拓荒建成的一座新城，并逐渐发展为美国的一座大城市。

　　盐湖城最值得看的就是摩门教的教堂摩门圣殿，这是一个很大的建筑群，建于1853年，完工于1893年，至今一直保持原状。大礼拜堂是一座哥特式典雅古朴的高大建筑物，尖顶圆柱，十分宏伟壮丽，塔形大门由四根柱子连成，门顶上站立着一只鹰。礼拜堂里有8 000个座位，加上站席可以容纳近2万人。大礼拜堂有一架全世界最大的管风琴，由大小不一的1.1万支管子组成，音响效果极好，在讲坛上一颗大头针落

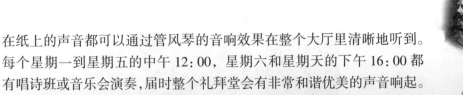

在纸上的声音都可以通过管风琴的音响效果在整个大厅里清晰地听到。每个星期一到星期五的中午 12：00，星期六和星期天的下午 16：00 都有唱诗班或音乐会演奏，届时整个礼拜堂会有非常和谐优美的声音响起。摩门圣殿夜间灯光效果也很壮观美丽。

　　大盐湖（《八十天环游地球》书中译为"大咸湖"）离市区很近，盐湖城因此而得名。这是一个非常美丽的地方，特别是早晨和傍晚的时候，霞光景色很美，有雾的时候会有朦胧的"白纱"笼罩。但是，与玻利维亚的盐湖成为天空之镜不一样，与约旦、以色列的盐湖常有人躺在水中悠闲地读书的景象也不一样，美国西部的大盐湖展现的是更为粗犷的形象。离盐湖城不远处，就是美国有名的拱门国家公园，是旅游美国西部打卡拍照的最佳选择，它离大提顿国家公园、布莱斯国家公园都很

大盐湖风光

与印第安酋长合影

近。盐湖城 2002 年冬季奥运会的举办地雪鸟滑雪度假村也是个旅游胜地，所以盐湖城也是美国西部旅游的首选地。这次我们因为时间太仓促而未在盐湖城停留，6 人中只有我和之晗不久前到过盐湖城。

5 伦敦和剑桥

行程第六天、第七天（2019 年 8 月 6 日—8 月 7 日），纽约—伦敦

航班：维京航空 VS004 06AUG JFKLHR（18∶00—6∶25+1）

时差：伦敦时间＝北京时间－8 小时＝纽约时间 +5 小时

2019 年 8 月 6 日，我们从纽约乘维京航空 18∶00 的航班，飞行 7 小时 30 分前往英国伦敦。

出发前我们得到通知："希思罗机场确认 8 月 5—6 日罢工，172 个航班已被取消，同时这两天工作人员的减少会导致所有的流程包括安检极为缓慢。8 月 23—24 日的罢工还在投票中，建议查询自己的航班是否受影响。"

我们航班到达的时间正是 8 月 6 日，心中十分着急，但起飞前很幸运地得知谈判成功，罢工提前结束。8 月 6 日凌晨，我们顺利到达伦敦，入境也非常顺利。

没有休息，我们到达伦敦当天早晨就乘 Big Bus 游览伦敦。伦敦 Big Bus 有四条线，分别是蓝色、橙色、红色和黄色，一票通用，涵盖了伦敦的主要景点，如白金汉宫（Buckingham Palace）、皮卡迪利广场、特拉法加广场、大本钟、圣保罗大教堂、伦敦塔、伦敦塔桥、伦敦眼、帝国战争博物馆、兰贝斯宫、国会大厦、威斯敏斯特大教堂、杜莎夫人蜡像馆、国王十字火车站、诺丁山、荷兰公园等，还包括一段免费的泰

白金汉宫换岗仪式

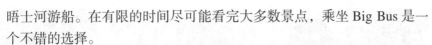

晤士河游船。在有限的时间尽可能看完大多数景点，乘坐 Big Bus 是一个不错的选择。

但伦敦堵车十分严重，所以实际上，我们无法将每个景点都看到。还有一个遗憾是大本钟正在维修，包着厚厚的"面罩"。

白金汉宫是重要的观光内容。英国现行的政体是议会民主制和君主立宪制，英国首相在唐宁街 10 号办公，而英国女王及王室成员在白金汉宫居住和办公。游客可以进入白金汉宫的开放区域参观，包括收藏有许多绘画和精美家具的宫殿部分厅室、陈列英国历代王朝帝后画像和雕像的艺术馆等。

白金汉宫前广场上竖立着金光闪闪的胜利女神像，下面是维多利亚女王坐像。每天上午11：00，皇家卫队都在广场进行操练和换岗交接，这是最吸引游客的活动。女王坐像下方的阶梯和对面路边早早就挤满了人，等候观看换岗仪式。身着熊皮黑帽、红色礼服的皇家卫队从白金汉宫走出，号角长鸣，马蹄声声，场面壮观宏伟，令人难忘。

中午，我们在大英博物馆与朋友的女儿，在英国读硕士的汪诗媛见面。她今天是专门从曼彻斯特赶来带我们参观的。

大英博物馆是世界四大博物馆之一，拥有藏品 800 多万件，包括埃及文物馆、希腊罗马文物馆、西亚文物馆、欧洲中世纪文物馆和东方艺术文物馆。其中埃及文物馆是世界上最大的埃及文明陈列馆，有 10

大英博物馆

代表美索不达米亚文化的人首翼狮　大英博物馆里的埃及画像和复活节岛石像

万多件古埃及文物。

　　大英博物馆的珍品之一是来自伊拉克乌尔城的"皇后的竖琴"，这座以青金石、金箔、贝壳、红石灰岩和木材制作的艺术品精美绝伦，是苏美尔艺术的代表杰作。在希腊罗马文物馆，你可以看到公元前530年的双耳陶瓶，上面绘制的希腊神话"阿喀琉斯刺杀亚马孙女王"显示了高超的黑绘技巧，充满张力。来自雅典巴特农神殿的三角楣饰石雕马头眼睛圆睁，鼻孔张开，仿佛处于长途奔驰的疲倦中。

　　东方艺术文物馆里展出来自中国、日本、印度及其他东南亚国家的文物，达10多万件。中国文物是大英博物馆最重要的收藏，总数多达23 000余件，定期选择展出的中国文物占了好几个大厅，商周时代的青铜鼎、辽代的陶瓷罗汉、唐宋的瓷器精品、明清的黄金和玉石艺术饰物都是珍品，甚至中国博物馆的馆藏也无法与之相比。河北行唐县清凉寺壁画、唐三彩等都会引起你的遐想。东晋顾恺之《女史箴图》的唐代摹本是1860年英法联军入侵北京时，英军大尉基勇从中国获得并携往国外的。1903年被大英博物馆以25英镑的价格收藏，但此画卷一年仅对外展出2个月，此行没能看到。

　　请你好好注意这块不起眼的石头——罗塞塔石碑（Rosetta Stone），它可是大英博物馆的镇馆之宝。这块石头的材质是黑色玄武岩，有残破，留下的部分高1.14米，宽0.73米，厚0.279米，重762千克。

　　大家知道，古埃及是世界四大文明之首，古埃及人创造了璀璨的

大英博物馆的镇馆
之宝罗塞塔石碑

留学生汪诗媛给孩子们讲解
希腊马头雕塑

文明。然而，从 4 世纪开始，令人叹为观止的古文明却在北非的那片沙漠里沉睡了整整 1 500 年。人们看到埃及古文字的华美，却对其内容一无所知。

　　1798 年，拿破仑远征埃及，这场战争的得失是历史学家争议的焦点。但不容怀疑的是，拿破仑军队发现了许多包括方尖碑在内的湮没 2 000 年的珍宝，也包括 1799 年法军上尉皮耶－佛罕索瓦·札维耶·布夏贺在一个埃及港湾城市罗塞塔发现的一块残破的黑色玄武石石碑，因其发现地而被命名为罗塞塔石碑。法国上尉意识到这块石头的重要性而向指挥官报告，决定将这块石头送给拿破仑在开罗设立的埃及研究所，供科学家们研究分析，并将其于同年 8 月运抵开罗。但 1801 年，拿破仑的大军被英军打败而投降，罗塞塔石碑连同埃及的占领权易手英国。次年，石碑开始在大英博物馆里公开展出。

　　研究发现，这一石碑制作于公元前 196 年，刻有古埃及国王，年仅 13 岁的托勒密五世加冕一周年时的诏书。石碑由上至下共刻有同一段诏书的三种语言版本，最上面是 14 行古埃及象形文（hieroglyphic，又称为圣书体，代表献给神明的文字），句首和句尾都已缺失；中间是 32 行埃及草书（demotic，又称为世俗体，是当时埃及平民使用的文字），是一种埃及的纸莎草文书；再下面是 54 行古希腊文（代表统治者的语言，这是因为当时的埃及已臣服于希腊的亚历山大帝国，来自希腊的统治者要求统治领地内所有的文书都添加希腊文的译版），其中有一半行尾残缺。

因石碑上的内容采用了三种文字，使得近代的考古学家有机会对照各语言版本的内容解读出已经失传千余年的埃及象形文字。不过，不要以为有了三种文字对照就可以读懂埃及文字。一开始，人们对埃及的象形文字是表音还是表意都不清楚，有人认为方尖碑上的鸟类等图案仅仅是装饰。直到 1822 年，一位法国天才语言学家向法国碑文纯文学学院提交了研究论文，宣布了对埃及象形文字的解读发现，古埃及的璀璨文明才徐徐撩开她笼罩了 1 000 多年的面纱。世界考古史上极其重要的篇章——现代埃及学终于诞生了。

揭开古埃及文字之谜的人，就是法国学者让·弗朗索瓦·商博良（Jean François Champollion）。商博良 1790 年 12 月 23 日出生于法国南部洛特省。他是真正的神童，5 岁自学古文字，7 岁开始痴迷埃及文化，11 岁时跟随读大学的哥哥开始研读法语外的希腊文、拉丁文、阿拉伯文、古叙利亚语、希伯来文、波斯语、古印度梵文、古埃及科普特语，甚至还有中文；19 岁时，他成为法国诺布尔大学的历史学教授；24 岁时，出版专著《法老统治下的埃及》。

1822 年起，商博良完全投入到对罗塞塔石碑的研究中。至 1824 年，他发表多篇研究论文，译解出古埃及象形文字的结构，奠定了现代埃及学的基础。1826 年，他担任卢浮宫埃及文物馆馆长。1828—1829 年，他率一支法意联合考察队来到埃及，他能够在古代遗迹面前，把铭文像读报纸一样读给大家，因而引起了极大的轰动。1831 年，他担任法兰西学院开设的埃及学讲座教授。遗憾的是天妒英才，1832 年，年仅 41 岁的商博良因中风去世。

让我们简单概括一下商博良的埃及象形文字破译过程。在埃及的方尖碑或其他铭文上，总有一些用椭圆形框子围起来的象形图案和文字，商博良想到这可能是法老的名字。最先破译出的文字就是埃及艳后"克丽奥佩特拉"，他还正确地指出埃及象形文字在不同的地方可以表意，也可以表音（埃及文字包含 3 种字符：音符，包含单音素文字，还有许多单音节文字和多音节文字；意符，表示一个单词；限定符，加在单词的最后以限定语意的范围）。商博良指出，除了法老专用的正式文体（他称为圣书体或僧侣体）外，还存在为了民众普及应用的世俗体。罗塞塔石碑就包含了圣书体和世俗体。商博良研古埃及文字整整 10 年，所以，他是公认的"现代埃及学之父"。

下午，我们看了圣保罗大教堂、伦敦塔、威斯敏斯特教堂和其余景点。

在英国成千上万的教堂当中，威斯敏斯特教堂的地位至高无上。

威斯敏斯特教堂英文名为 Westminster Abbey，有人译为威斯敏斯特修道院，因为它原意就是西部的修道院。当地华人嫌名字太长，将 West 单独意译，后面取音，将其译作西敏寺，该译法亦已经通行数百年。

威斯敏斯特教堂位于伦敦泰晤士河北岸，始建于 960 年，以后经过多次扩建和重建。教堂全部用石头砌成，以灰白色为主调，由教堂及修道院两大部分组成。教堂建筑为哥特式，数个由彩色玻璃嵌饰的尖顶并列在一起，上部穹顶高达 31 米，穹顶精细的花纹雕刻是教堂的骄傲，有人把它比作贵族衣服上的蕾丝花边。威斯敏斯特教堂内有许多礼拜堂，装饰豪华，金碧辉煌。

而使威斯敏斯特教堂出名的，首先是英国的国王加冕、皇家婚礼、国葬等重要仪式都要在其内举行。祭坛前面的尖背靠椅，是历代帝王

威斯敏斯特大教堂

在加冕时坐的，据说已经用了 700 年。一共有 40 位英国国王在此加冕。教堂内有大量加冕用品以及勋章等庆典用品，还有 16 世纪以来英国历史中的资料和艺术品，所以，威斯敏斯特教堂也是一座英国历史博物馆。

也许更多的游人感兴趣的是威斯敏斯特教堂是英国名人最尊贵的安葬地。王室名人以爱德华三世（1312—1377）的棺墓最为古老，以被伊丽莎白一世砍头的苏格兰玛丽女王棺墓最为有名。1587 年，玛丽女王被处死的罪名是图谋造反，16 年后，伊丽莎白去世，因为她没有子嗣，玛丽的儿子，原来苏格兰的詹姆斯六世继承了英格兰的王位，他为母亲建了这座可以与伊丽莎白一世墓并列的恢宏凝重的棺墓，倘若伊丽莎白地下有知，不知会不会被气得从棺材里跳出来。

要说的是，许多棺墓上都有根据死者面容模制下来的石刻雕像，使人想起成语栩栩如生的特殊意义。

除了王室成员，还有英国很多文学家、政治家、科学家也埋葬于此，英国人称这里是"荣誉的宝塔尖"，死后能在这里占据一席之地是至高无上的荣誉。安葬于此的政治家有丘吉尔、张伯伦等；在著名的"诗人角"里有乔叟、丁尼生和布朗宁等大诗人之墓；著名的文学家哈代、狄更斯等也葬在这里；还有一些著名诗人和文学家虽然埋葬在其他地方，教堂里仍有石碑纪念他们，如莎士比亚、弥尔顿和彭斯等。

牛顿是第一个获得英国国葬的科学家。他的棺墓位置在正中大厅，除了雕像外，还有一个标志性的地球造型。达尔文墓就在旁边，但质朴得多。这种传统延续至今，2018 年 6 月，科学家霍金的骨灰被葬在达尔文和牛顿的坟墓之间，纪念碑上刻着黑洞图案，纪念他的黑洞熵理论。

目睹了牛顿葬礼的伏尔泰感慨："走进威斯敏斯特教堂，人们所瞻仰的不是君王们的陵寝，而是国家为感谢那些为国增光的最伟大人物的纪念碑。这便是英国人民对于才能的尊重。"这段话准确地评价了威斯敏斯特教堂的地位。那么，伏尔泰埋葬在哪呢？答案是巴黎的先贤祠，地位相当于英国的威斯敏斯特教堂，因为他是法国人。

8 月 7 日清晨，我们在酒店寄存行李后到伦敦国王十字火车站乘坐火车，49 分钟就能到达剑桥火车站，杨凤堂教授在车站等候我们。

杨凤堂是我的老朋友，他是中国科学院昆明动物研究所施立明院士的博士生，一直从事动物基因组演化研究，他出国已经 20 年，一直待在英国剑桥，如今已经是成果斐然的教授，领导着一个课题组进行动物分子遗传学研究。2003 年，我曾经在杨凤堂家里住过几天。这次是他乡遇故知。

杨教授带领我们先步行游览剑桥。剑桥的中文译名因一条河而来，River Cam 是围绕剑桥主城区的一条清澈小河，小河绕着大学主校区转了一个"U"形的大弯，Cam 在英语里是凸起的意思。早年到这里的中国人主要来自广东、福建，广东话中 Cam 发音如同"剑"，小河因此得名剑河，而当地也因桥多被称为剑桥（Cambridge）。

　　我们去看了有名的螳螂钟，其更文雅的名字是圣体钟。钟不算大，但金光闪闪，螳螂钟历经 5 年时间，花费百万英镑建造而成，2008 年，物理学家史蒂芬·霍金为其揭幕。钟上趴着一只巨大的金色螳螂，眼睛不停闪烁，下颚每分钟张合一次，寓意吞噬光阴，所以也叫时间吞噬者。看到此钟的人顿时感到生命短暂，悠然产生珍惜时光的感叹。

　　我们在螳螂钟下登上小舟，沿剑河游览，看剑桥著名的桥。

　　首先看到的是连接剑河两岸王后学院的一座灰白原木、外表粗糙的小木桥，这就是赫赫有名的数学桥。

　　再沿着剑河往前，可以看到一座外形很美的古老的三孔黄色石桥——格雷桥。在船上可以看到左边石栏杆上的第一个圆球被刻出一大个缺口，据说当时学院的教授工于心计，精确计算使工匠赚不到钱，于是工匠刻上了这个缺口作为报复。

与杨凤堂教授合影

剑桥螳螂钟

泛舟剑河

高大的建筑是国王学院教堂，剑桥的象征

有刻空石球的格蕾桥

叹息桥

剑桥最著名的桥是连接圣约翰学院老庭与新学院之间的叹息桥（Bridge of Sighs）。该桥建于 1831 年，是意大利威尼斯叹息桥的英国复制版。这是一座淡黄色的三层廊桥，可通过自行车的桥面上有对称的塔尖装饰，中间一层行人通道为拱形，呈半封闭状，有用来采光的玻璃窗。下层是桥孔。这座桥的美受到维多利亚女王的赞叹，使"叹息"有了新的含义。

舍舟上岸后，杨教授带我们走进三一巷（Trinity Lane）。人们津津乐道的牛顿和苹果的故事就发生在三一巷。在伏尔泰所著的《哲学通信》中，关于苹果落地的故事，他这样写道："牛顿回到剑桥大学附近的故居。有一天，他在花园中散步，看到一个苹果从苹果树上落下，这样使得牛顿想到许多科学家所研究而未获突破的重力起源问题。"如今人们已经不在乎当年落下苹果的树是真是假，人们考虑的是，为什么牛顿能从偶然的发现中联想出伟大的问题。

巷里的三一学堂（Trinity Hau）是剑桥大学一所非常著名的学院，三一学堂由贝特曼主教建于 1350 年，是剑桥第五古老的学院。曾作为躲避黑死病的律师和牧师的避难所，著名物理学家霍金、第八任澳大利亚总理斯·布鲁斯、加拿大总督大卫·约翰斯顿都是从这里毕业的。三一学堂不对游客开放，但因为杨教授是这里的教授，所以我们得以进入学院。只是杨教授叮嘱我们切不可踩踏草地。在剑桥，只有教授和校长可以踩草地。

我们还看了气势恢宏的大圣玛丽教堂，看了有牛顿雕像的纪念堂。在哥特式垂直风格的国王学院礼拜堂前合影。

剑桥大学（University of Cambridge）位于伦敦北面约 40 千米的剑

三一学院里的陈列厅，正中是牛顿像

传说这棵树掉下的苹果曾经砸在牛顿头上

桥镇。剑桥大学本身没有指定的校园，没有围墙，没有校牌。绝大多数的学院、研究所、图书馆和实验室都建在剑桥镇的剑河两岸以及镇内的不同地点。老学堂是剑桥第一座学院，建于 1350 年。以后别的学院都以它为中心建造，如克莱尔学院、三一学堂、冈维尔学堂等。到 1546 年，英国国王亨利希八世把两座较老的学院合并成一座规模更大、超过了迄今所有学院的新学院——三一学院。

　　结束剑桥游览后，杨凤堂教授把我们送到剑桥火车站，我们乘火车回到国王十字火车站。从酒店取出行李后，乘国际列车往法国巴黎。国王十字火车站专门有一个 $9^{3/4}$ 车站，这是哈利波特书中提到的读者最喜欢的地方，有很多人在那排队照相。

5
伦敦和剑桥

杨凤堂教授给孩子们讲剑桥学院布局

在三一学院合影

乘坐火车从伦敦到巴黎

在火车上给孩子们讲地理

原来康桥就是剑桥

昆明市盘龙小学 五年级（3）班 张洲赫

来英国旅游，我最想看看徐志摩写《再别康桥》的地方，还有就是我神往的世界顶级学府剑桥大学。

我们从伦敦乘火车来到剑桥，我发现剑桥不单是一所大学，还是一个充满了历史记忆的小镇，一座簇拥着剑桥大学的城市。沿着安静的街道一路走来，我欣赏着火车上来不及细看的建筑，斜屋顶上竖着烟囱，青色的瓦，灰色的砖墙，像极了哈利波特电影里面的房子。我们在剑桥杨教授的引导下去了三一学院、国王学院等最著名的学院。我感觉，这里的气氛很不一般，除了游客，大部分路人行色匆匆，似乎连空气里都弥漫着学术的味道，我也不自觉地收起了游客特有的兴奋，尽力想融入其中。

前面就是剑河了，这条河贯穿了整个剑桥镇，我们登上游船欣赏两岸的学院建筑和河上一座座形状不一的桥。阳光下的河面波光粼粼，河边的柳树随着轻风婆娑起舞，随着小船的移动，河上的桥由远及近，每一座桥都有着特殊的故事和历史。我印象最深的是数学桥，这是一座木桥，相传为牛顿所建，其实是牛顿死后22年才设计兴建的，它出名是因为巧妙地运用了牛顿力学原理，全桥一颗钉子都没有。后来几个好奇的学生把桥拆开研究，却无法按原样装回去，只能用螺丝钉把它重新组装起来，我们今天看到的数学桥是在1905年按原设计重建的。

我背诵起徐志摩的《再别康桥》："轻轻的我走了，正如我轻轻的来；我挥一挥衣袖,不带走一片云彩。"问杨教授康桥在哪里？杨教授告诉我，脚下这条河就是剑河，英文名为River Cam。剑桥英文Cambridge就是剑河之桥的意思。徐志摩是把剑桥的英文Cambridge里的Cam按英文音译为"康"，音意合译，剑桥就成了康桥。

今天我终于知道了，原来康桥就是剑桥。

让我们在旅行中简明扼要地学习一点英国历史。

英国全称为大不列颠及北爱尔兰联合王国，由英格兰、威尔士、苏格兰和北爱尔兰组成，而整个英国的历史就是由这四个区域的历史交织而成的。

1535年，威尔士成为英格兰王国的一部分，1588年格拉沃利讷海战打败西班牙无敌舰队，使英国挫败了国外天主教势力的入侵，基本消除了天主教的威胁，巩固了宗教改革的成果。1640年英国在全球第一个爆发资产阶级革命，成为资产阶级革命的先驱。1649年5月19日，

英国宣布成立共和国。1660 年王朝复辟，1688 年发生"光荣革命"，确立了君主立宪制。

1707 年，英格兰与苏格兰合并，通过 7 年战争，英国奠定了日不落帝国的基础，并获取了海上霸主地位。1801 年，英国又与爱尔兰合并。拿破仑战争后，英国完成了日不落帝国的霸业。18 世纪下半叶至 19 世纪上半叶，英国成为世界上第一个完成工业革命的国家。19 世纪是大英帝国的全盛时期，1914 年，其占有的殖民地比本土大 111 倍，是第一殖民大国。

从中学时代起，英国就是我最熟悉的国家，英国文学是我文学爱好的最早起源，乔叟的《坎特伯雷故事集》，弥尔顿的《失乐园》和《复乐园》，华兹华斯、拜伦、雪莱、济慈的诗歌，司各特的《艾凡赫》等名著都令我爱不释手。狄更斯的《奥列佛·特维斯特》和《大卫·科波菲尔》是我少年时期的最爱。之后，萨克雷的《名利场》、夏洛蒂·勃朗特的《简·爱》、埃米莉·勃朗特的《呼啸山庄》伴随着我的成长。而法拉第、瓦特·牛顿、达尔文、道尔顿、虎克、焦耳等科学家和牛津大学、剑桥大学更是我心目中的科学榜样和殿堂。

另一方面，英国也是我们心中永远的痛。英国发动的鸦片战争和八国联军入侵中国，英国都是罪魁。

我们今天来到英国，回味历史，更加为今天祖国的强盛而自豪！也让孩子们明白要为中国的继续强大而更努力地读书！

 **旅途思考与讨论**

剑桥大学和牛津大学的区别

学　生：剑桥大学和牛津大学有什么不同？

杨教授：他们都是世界上排名前 10 位的顶尖大学，离伦敦都不远。牛津（Oxford）的原意是"牛可以涉水过河的地方"，但现在的牛津却见不到河了，而剑桥却有清澈的河水，大多数人认为剑桥的风景更美、更安静，牛津更古老、更热闹。

　　牛津大学的显赫名声主要在于它为英国造就了无数著名的科学家、文学家、政治家，经济学家亚当·斯密、哲学家培根、诗人雪莱、化学家罗伯特·玻意耳、天文学家哈雷等都是这里的毕业生。英国历史上的 40 位首相中，有 29 位毕业于牛津大

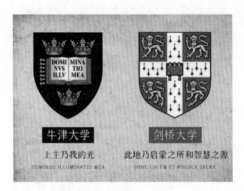

牛津和剑桥的校徽和校训

学，它还培养过 5 位国王。

　　剑桥大学的历史略短于牛津大学，但与牛津大学渊源颇深。1209 年，一批牛津大学的学者为了躲避殴斗，就从牛津城逃到了剑桥镇，建立起了这所大学。剑桥大学与牛津大学一样，校园也是没有围墙的，院舍散布全城各处。剑桥大学的名声绝不亚于牛津大学，因为它培养出了 76 位诺贝尔奖得主，还有 6 位国家元首。

6 侦探盯住福格先生

《八十天环游地球》中贯穿首尾的一条主线是侦探费克斯对福格的追捕。还是让我们看一段原文。

下面是一份从苏伊士给伦敦拍来的电报：

苏格兰广场，警察总局局长罗万先生。

我盯住了银行窃贼斐利亚·福格。速寄拘票至孟买（英属印度）。

侦探费克斯

这份电报一发表，便起了立竿见影的效果，一位高贵的绅士在人们的心目中变成了偷钞票的贼。人们看了和俱乐部会员的照片放在一起的福格的照片，发现他的特征跟警察局调查出来的窃贼外貌特点一模一样。于是人们就想到福格平时生活诡秘，想到他性情孤僻和他这次突然出走，显然他是用环游地球做幌子，用荒唐的打赌作为掩饰，他的目的只不过是想逃过英国警探的耳目罢了。

原来在福格打赌出发的前3天，英国国家银行有一笔巨款失窃，苏格兰侦探费克斯发现福格的特征同警察局调查出来的窃贼的外貌特点一模一样。他认为福格实际是在以旅行为掩护卷款潜逃，并因此使福格股票一文不值。费克斯一路追踪，就是为了得到拘捕令以逮捕福格。但限于当时邮递系统的效率，他迟迟未能拿到拘捕令。

福格准时到达苏伊士后，又乘船到达印度，在从印度孟买到加尔各答骑大象跋涉的途中意外救下了即将被殉葬的印度年轻寡妇艾娥达。他们搭乘邮船到了香港，而费克斯此时仍没收到警方的拘捕令。为此，费克斯用鸦片麻醉路路通，企图拖延时间。但福格还是赶到了日本，并与脱离他的路路通在马戏团相遇。而后几经周折，福格穿越了北美大陆到达利物浦，眼看胜利在望，费克斯却以"女皇政府的名义"逮捕了福格。所幸真正的窃贼已于3天前被捕，福格得到释放。但福格赶到伦敦时，比预定的打赌时间已经迟了5分钟。

我们在书中看到，费克斯不断失败，不断挨打，总是一个可怜的角色。这使我们想起福尔摩斯探案集中出现的苏格兰场警员。在英国，当时盛行的就是特立独行的侦探，其中出类拔萃的都是私家侦探。大家都记得《尼罗河上的惨案》中的大侦探波罗，还有耳熟能详的福尔摩斯，而这些作品的一个共同点是，官方苏格兰场的侦探和警员总是被嘲笑和挪揄的对象。

福尔摩斯只是英国作家柯南·道尔笔下虚构的人物，但书中的背景贝克街在现实中是存在的，只是没有门牌为 221b 房子。为了满足福尔摩斯迷们的心愿，1990 年，伦敦将贝克街的一套英国家庭式三层小楼门牌改为 221b，说这是福尔摩斯故居，现在作为博物馆供人参观。我们乘坐的巴士有一站是杜莎夫人蜡像馆，下车后不远就是贝克街，在贝克街地铁站的墙壁上嵌满了带有福尔摩斯剪影的瓷砖，引领你循指示牌来到博物馆。博物馆门口有着英国警服的门卫。门票是柯南道尔书中房东韩德森太太出具的住宿证明，表明你已成为她的房客。然后，你就可以进入书中描述的福尔摩斯故居。

贝克街上的福尔摩斯博物馆

　　首先看到的是大侦探的起居室兼书房和他的卧室。起居室中有餐桌、实验台、喝茶的小桌、可以坐下来冥想的沙发、壁炉及书架等，还有藏在圣经里的左轮手枪和华生写给福尔摩斯的亲笔信，以及福尔摩斯用过的猎鹿帽、烟斗和放大镜，甚至手铐。我们去时还有一位装扮成华生的绅士与我们交谈。博物馆的二层楼上是柯南·道尔小说中的人物蜡像，包括谋杀者和受害者，真人大小，栩栩如生，常被误认为是活人。

　　博物馆还有一项业务是收阅和回复世界各地寄给福尔摩斯的信件，有些是复杂的陈年疑案，希望福尔摩斯参与破案。你有这样的需求吗？

我与"华生医生"
讨论伦敦最近发生
的案件

福尔摩斯探案中的
人物蜡像

 旅途思考与讨论

如何与福尔摩斯联系

洲赫：我是绝对的福尔摩斯迷。我如何能与福尔摩斯联系上，或者与他
　　　通信？

教授：你见不到福尔摩斯，造访者总是被管家告知福尔摩斯外出了。但
　　　你可以与福尔摩斯通信，信中写好回信地址并留下邮资交给管家，
　　　也可以直接将信件寄到伦敦贝克街221b号给福尔摩斯。信的内
　　　容没有限制，可以就某个疑难案件向福尔摩斯请教破案思路，也
　　　可以对福尔摩斯的生活和工作方式提出问题或建议，甚至邀请福
　　　尔摩斯有空时访问你的家乡。福尔摩斯很忙，所以回信很慢，一
　　　般要2个月才能收到回信。信件是古色古香的手写体，多数是华
　　　生回复的，还会附送你一张福尔摩斯的名片。但注意你交流的案
　　　件只能是刑事案，如杀人、抢劫等。

7 巴黎

行程第八天、第九天（2019 年 8 月 8 日—8 月 9 日），伦敦—巴黎
车次："欧洲之星" 9042 号（17：01—20：20）

2019 年 8 月 8 日下午，我们从英国伦敦圣潘克拉斯火车站（St.
Pancras Station）乘坐穿越英吉利海峡的"欧洲之星"火车到达巴黎
Paris Nord 火车站。"欧洲之星"车速很快，车头是流线型的，所以，从
伦敦到巴黎仅仅花了 3 小时 20 分。

离我们入住酒店不远，就是著名的圣心教堂，我们看完圣心教堂
以后，司机把我们送到郊区 30 多千米外的凡尔赛宫，买票和入场都要
排很长的队，12 岁以下的小孩免费参观。

如果你一生只能看一座欧洲宫殿，选择凡尔赛宫就是了。凡尔赛
宫至今已有 330 多年的历史。全宫占地 111 万平方米，宫殿建筑面积为
11 万平方米，其余 100 万平方米是森林般宽大的园林。

凡尔赛宫以宏大著称，共有 500 多间连成一体的厅殿，此外，它
更以奢华闻名，处处金碧辉煌，装潢富丽堂皇。不同的殿堂以雕刻、巨
幅油画及挂毯装饰，陈设包括当时最时髦的中国瓷器等世界各地的珍贵
收藏，加上古典木制家具，目之所见无一不是精致的艺术品。

凡尔赛宫由法王路易十四兴建，历史上法国大革命、普鲁士军队
占领凡尔赛、1783 年独立战争后英美签订《巴黎和约》、1871 德皇加冕
典礼和 1919 年法国及英美等国同德国签订《凡尔赛和约》等，都促使
凡尔赛宫变成政治中心，直到 19 世纪后，凡尔赛宫才回归宫殿博物馆
的本质。

进入凡尔赛宫后，沿着一个方向穿过一座座厅殿，你会感觉目不
暇接，全部走完至少需要 1.5 小时。除了豪华的整体印象，你记得什么？
月神狄安娜厅的精美瓷器？战神玛尔斯厅奥德朗的油画《战神驾驶狼驭
战车》和展示路易十四征服西班牙、德意志、尼德兰等功绩的油画？太
阳神阿波罗厅的法国国王的纯银御座？国王套房和皇后套房的织锦大
床、绣花天篷、镀金护栏，以及天花板上名为《法兰西守护国王安睡》
的巨大浮雕？

有一点可以肯定的是，没有一个游客会忘了镜厅。镜厅实际上是
一条长 73 米、宽 10.5 米的走廊，所以也称为镜廊。它的一面是面向花
园的 17 扇巨大落地玻璃窗，另一面是由 483 块镜子组成的嵌合镜面。
高达 13 米的拱形天花板上是展现风起云涌历史画面的巨幅油画，厅内
地板为细木雕花，墙壁以淡紫色和白色大理石贴面装饰，柱子为绿色大
理石。柱头、柱脚和护壁均为黄铜镀金，装饰图案的主题是展开双翼的

太阳，表示对路易十四的崇敬。天花板上有24座巨大的波希米亚水晶吊灯。镜厅东面是通往国王寝宫的四扇大门。路易十四时代，镜厅常常举行盛大的化装舞会。而上述政治事件中，1919年6月28日《凡尔赛和约》也是在镜厅签署的。

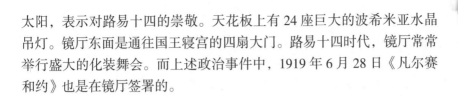

凡尔赛宫及镜厅

埃菲尔铁塔和凯旋门

凡尔赛宫的影响如此之大，几百年来欧洲皇家宫殿和花园几乎都遵循了它的设计思想，例如奥地利维也纳的美泉宫、德国波茨坦的无忧宫等。

午饭后，我们去了巴黎的一些著名景点，包括埃菲尔铁塔、塞纳河凯旋门、香榭丽舍大道。所幸巴黎圣母院经历了不久前的大火劫难还完整地保留了前面的双塔建筑，我们得以一睹其风采。

始建于1163年的巴黎圣母院在巴黎中心的塞纳河畔已经屹立了800多年，它已经与巴黎密不可分。人们赞叹其完美无缺的哥特式建筑外观，祭坛、回廊、门窗等处精细的雕刻和绘画艺术，美轮美奂的玫瑰花窗以及堂内所藏的13—17世纪的有历史故事的艺术珍品。雨果的巨著《巴黎圣母院》及其衍生的电影和戏剧更使它闻名于世界。它被公认为历史上最为辉煌的建筑之一，是古老巴黎的象征。游览巴黎而无法看到巴黎圣母院实为一大遗憾，当我们旅行启程前得知巴黎圣母院大火时，内心几乎崩溃。

2019年4月15日晚18：50，巴黎圣母院发生大火，先是塔楼起火，1小时后火情迅速蔓延。数百名消防员赶到现场抢救，最终成功控制火势。4月16日早上，在大火燃烧了近15小时后，巴黎消防员宣布大火已全部扑灭，没有造成人员死亡。

由于采取了正确的抢救措施，巴黎圣母院的主体结构得以完整保存，损毁的主要是尖顶和被称为"森林"的木质屋架。而巴黎圣母院的珍贵文物，包括"荆棘皇冠"和路易九世的一件长袍、古老的玫瑰花窗、三部管风琴、主入口大门、16尊铜像、祭坛、尖顶之上的风向标外壳以及圣母院中的大型油画都已被抢救出来。法国总统马克龙曾发表电视

塞纳河畔的比萨午餐

巴黎圣心教堂和劫后余生的巴黎圣母院

讲话,希望5年内重建巴黎圣母院,包括中国在内的世界各国都表示愿意参与重建工作,我们相约在巴黎圣母院重建完成后再到巴黎来。

下午18:30,我们准时来到了卢浮宫。卢浮宫原来是一座王宫。从16世纪起,法国皇帝弗朗索瓦一世开始规模化收藏艺术品,并使之成为法国历代皇帝的传统。1981年,法国政府对卢浮宫进行专业性博物馆的革命性整修,建筑大师美籍华人贝聿铭的设计方案被选中。当年,卢浮宫广场上透明的金字塔建筑曾引起巨大争议,现在却被公认为是贝聿铭杰出的设计典范。

卢浮宫现在收藏的艺术品已达40万件,分门别类在六大展馆中展出,即东方艺术馆、古希腊及古罗马艺术馆、古埃及艺术馆、珍宝馆、绘画馆、雕塑馆。其中,绘画馆展品最多,占地面积最大。在世界各博物馆中,卢浮宫藏品档次之高是被世界公认的。除了大家熟知的三大镇馆之宝,即公元前2世纪的雕塑《胜利女神像》、公元前1世纪的希腊《断臂维纳斯》和达·芬奇的《蒙娜丽莎》油画,其他著名作品还有布歇的《狄安娜出浴图》、昂图万·华托的《丑角演员》、杰克·路易斯·达维特的《拿破仑一世加冕礼》、德拉克洛的《自由之神引导人民》、拉斐尔的《园

卢浮宫的三件宝贝

卢浮宫里的汉谟拉比法典石碑和希腊半人半马雕像

旅欧艺术家李东陆先生是我们参观卢浮宫的向导

李东陆布面油画作品《冰》

杰克·路易斯·达维特名画《萨宾妇女》

我和小孙女，背景是多米尼哥·基兰达约的油画《老人和他的孙子》

丁圣母》、安格尔的《大宫女》、席里柯的《美杜萨之筏》等。韦罗内塞的《迦拿的婚宴》是圣经故事中耶稣所行的第一个神迹：在一个犹太人的婚礼中，耶稣让仆人将空石缸都盛满水，将水变成了酒。

在有限的时间内，你很难看完卢浮宫收藏的杰作。有些作品，也许在其他美术馆会占据重要地位，而在卢浮宫，它们被淹没在了众多更加有名的作品中。

带我们游览卢浮宫的，是旅法中国画家李东陆。他带我们看了很多油画，其中，《施洗者约翰》和《老人和他的孙子》令人印象深刻。《老人和他的孙子》的作者多米尼哥·基兰达约是意大利佛罗伦萨画派画家，主要从事佛罗伦萨教堂的壁画工作，常在宗教画里加上个人肖像来表现人们的生活。油画《老人和他的孙子》中，年迈的老人满眼慈爱，孩子对爷爷充满情感和信任被表现得淋漓尽致。画家李东陆给我和小孙女之晗在这幅油画前照了一张合影，这是我这次旅行中最喜欢的一张照片。

7
巴黎

来到法国，我们还应当简要了解一下法国的历史、文学和艺术。不知在法国旅行时，你是否看到不少教堂钟楼顶上的风向标是公鸡形象，公鸡作为勇敢的象征已经融入了法兰西民族文化，了解法国历史的人都知道，法国人的祖先是高卢人，而在拉丁语中，"高卢"就是"公鸡"的意思。

约公元前1200年，莱茵河和大西洋之间居住着90个不同的部落，这里的人被称作高卢人。高卢人在农业和十分发达的手工业基础上建立了他们的文明，他们发明了收割机、木桶、四轮马车和铁剑。后来，凯尔特人入侵这一地区，公元前50年，凯撒大帝又征服了这一地区。高卢-罗马文明定都于里昂，统治了相当长的时间，形成了今日法国的最初蓝本。也是在这一时期，法语形成系统。

5世纪后，高卢-罗马人为了抵御入侵而和法兰克部落联合，在今天的巴黎、里昂一带建立王朝，高卢-罗马文化和日耳曼文化逐渐融合。768—814年查理曼大帝统治时期，法兰西文化逐渐繁荣。987年，法兰西岛领主雨果·卡佩加冕成为法兰西王国国王。

11—15世纪，先后有18任国王不断地约束封建领主，王国得以扩大，并夺取了一些英国的领土。13世纪统治法国的国王路易十一健全了司法，建造了许多医院和教堂，参加了两次十字军东征。

16—18世纪，十位国王致力于加强国家的权力以及其行政。逐渐建立了法国的自然边界。1789年，法国爆发改变历史的大革命，国民会议变成了宪政会议，封建权力被废除，人权宣言发布，建立了议会君主制。1792年，第一共和国宣告成立。罗伯斯庇尔等革命者们与封建势力进行斗争，革命者们采纳了孟德斯鸠和卢梭提出三权分立原则和人民主权原则。

1799—1804年，第一执政拿破仑·波拿巴将军领导着法国政府。1804年拿破仑加冕称帝，他在到1815年的12年统治期间力图建立一个庞大的欧洲帝国。与俄罗斯的战役导致了拿破仑下台并被放逐。他后来曾再次统治法国，但仅100天后，他就因为滑铁卢战役失败而永久退位。

1848 年大革命导致了法国君主制的最后崩溃。但拿破仑一世的侄子路易·拿破仑·波拿巴在当上法国总统后推行独裁，当上了皇帝（号称拿破仑三世）。1870 年，普法战争的爆发导致路易·拿破仑·波拿巴第二帝国的覆灭。1871 年，法国成立史称第三共和国的政府。以后法国在与德国的战争中战败，发生了著名的巴黎公社起义，但起义被血腥地镇压了。

法国共和国的议会制政体一直延续到 1914—1918 年的第一次世界大战。在战后重建不久，法国经历了经济危机，广泛的罢工和左翼联盟给法国带来了 1936 年的人民阵线政府。不久，第二次世界大战来临，1940 年法国成为德军占领区。本土上的统治者是与德国合作的维希傀儡政府，直到 1944 年法国被盟军解放。

二战期间被公认为法国抵抗运动的领袖和象征的夏尔·戴高乐将军在 1944—1946 年间任政府首脑，但在混乱中下台。1945—1958 年的这段时期，法国致力于重建国家发展经济并正视海外殖民地问题。1958 年，戴高乐重登历史舞台。他设计并建立了加强行政权的共和国体制，建立了人民普选总统制。法国从此成为现代化发展和经济持续增长的西欧强国。

1964 年 1 月 27 日，戴高乐担任总统后，法国承认中华人民共和国，中华人民共和国和法兰西共和国政府建立外交关系。这是世界上第一个承认中华人民共和国的西方大国，在国际上引起了强烈反响。此后，西方国家纷纷效仿法国，与中国建立外交关系，使中国突破了西方长期以来孤立中国形成的包围圈。在建交至今的半个多世纪，中法一直保持着良好的国际关系，法国是与中国科学技术、文化艺术、教育等方面合作最为密切的国家之一。

法国文学是世界文学宝库中最为璀璨的明珠之一，法国是一个值得慢慢行走，探寻大师们笔下生活场景的国家。《八十天环游地球》作者儒勒·凡尔纳就是 19 世纪的法国小说家、剧作家及诗人。我们去过的巴黎圣母院与维克多·雨果的同名小说密不可分，雨果是法国文学史上最伟大的作家之一，也是我最喜爱的法国作家。除《巴黎圣母院》外，雨果还有《九三年》《笑面人》等名著。奥诺雷·德·巴尔扎克被称为"现代法国小说之父"，以《人间喜剧》为总名的几十部系列小说如《欧也妮·葛朗台》《高老头》将法国各阶层人物刻画得入木三分。畅销书的鼻祖是大仲马，《三个火枪手》《基督山伯爵》小说和改编的电影都是年轻人的最爱。其他还有中学课文《最后一课》的作者都德、高中课文《羊脂球》

的作者莫泊桑、情节和思想令人叹为观止的《红与黑》的作者司汤达。等你们长大了，还可以读读小仲马的《茶花女》、左拉的《娜娜》和《萌芽》、罗曼·罗兰的《约翰·克里斯多夫》、梅里美的《卡门》和乔治·桑的小说；对哲学和历史感兴趣的，也许会关注孟德斯鸠、伏尔泰和卢梭的著作。最后，如果有人能够读完20世纪法国最伟大的小说家马塞尔·普鲁斯特的《追忆似水流年》（七卷，200余万字），那你不是作家也已经是资深文学读者了。

我们这次在很短的时间内看巴黎，沿着香榭丽舍大道看协和广场和凯旋门，在塞纳河边体会左岸的艺术氛围，看埃菲尔铁塔，与"幸存"的巴黎圣母院合影，看了圣心教堂及其旁边的红磨坊，大家应当对巴黎的艺术与浪漫有了初步印象。如果大家有机会再来巴黎，可以看蓬皮杜文化艺术中心和奥赛博物馆等。实际上，整个法国文化艺术的深邃绝不仅仅是巴黎能囊括的。遗憾的是我们在巴黎停留的时间太短，不过想想福格先生在巴黎只停留了1小时20分，我们也算幸运了吧？

8 埃及
——苏伊士运河和金字塔

行程第十天、第十一天（2019 年 8 月 10 日—8 月 11 日），巴黎—
埃及

航班：埃及航空 MS800 CDGCAI（16：00—20：25）

时差：开罗时间 = 巴黎时间 +1 小时 = 北京时间 − 6 小时

到达埃及后，旅行社有人在机场迎接我们，协助办电子签并安排
晚餐后入住酒店。我们的酒店就在尼罗河边，豪华且舒适。

2019 年 8 月 11 日，我们在酒店吃过早餐后乘车，大约 1 个小时
到达苏伊士运河。当天天气很热，这一天我没有涂防晒霜，被晒得
很黑。

在《八十天环游地球》中，苏伊士运河是福格先生环球旅行的一
段关键里程。他在打赌当晚坐火车离开伦敦，在英国布林迪西港乘轮
船到苏伊士，用了 7 天时间，然后他动身去印度。以前，从英国乘轮
船到印度要绕道好望角，自从苏伊士运河修通后，从伦敦到苏伊士，
穿过直布罗陀海峡和地中海，可直接跨越欧洲和非洲。然后，他从苏
伊士乘船到印度孟买，经过红海、亚丁湾、印度洋、阿拉伯海，计划
13 天从非洲到亚洲，结果轮船提前 2 天到达了。让我们看一下书中的
原文。

10 月 9 日，星期三，人们都在等着将在上午 11：00 开到苏伊士
来的商船蒙古号。这是一艘属于东方半岛轮船公司的有螺旋推进器和
前后甲板的铁壳轮船，载重 2 800 吨，惯常动力 500 匹马力。蒙古号
是穿过苏伊士运河往来于布林迪西和孟买之间的班船，它是东方半
岛轮船公司的一艘快船。从布林迪西到苏伊士这一段航程的正常时
速是 10 海里；从苏伊士到孟买的正常时速是 9.53 海里；可是它总是
提前到达。

"那么，"费克斯说，"假如这个贼是从这条路来，并且又真是搭了
这条船的话，那么，他一定是打算在苏伊士下船，然后再去亚洲的荷兰
殖民地或者法国殖民地。他当然会明白印度是英国的属地，待在印度是
不保险的。"

10 月 2 日，星期三，下午 20：45，离开伦敦。

10 月 3 日，星期四，上午 7：20，到达巴黎。

10 月 4 日，星期五，上午 6：35，经过悉尼山到达都灵；上午 7：20，
离开都灵。

10 月 5 日，星期六，下午 16：00，到达布林迪西；下午 17：00，

上蒙古号。

10 月 9 日，星期三，上午 11：00，到达苏伊士。

共费时间 158 小时 30 分，合 6.5 天。

福格先生把这些日期记在一本分栏的旅行日记上。旅行日记上注明从 10 月 2 日起到 12 月 21 日止的月份、日期、星期、预计到达每一重要地点的时期，以及实际到达的时间。重要的地点有巴黎、布林迪西、苏伊士、孟买、加尔各答、新加坡、香港、横滨、旧金山、纽约、利物浦、伦敦。每到一处，查对一下这本旅行日记，就能算出早到或迟到多少时间。这种分栏的旅行日记能使人一目了然，福格先生随时随地都知道是早到了还是迟到了。他现在把到达苏伊士的时间记在本子上，今天是 10 月 9 日，星期三，如期到达了苏伊士，在时间上既没提前，也没延后。

今天我们从开罗到埃及东北部伊斯梅利亚专程来看苏伊士运河。伊斯梅利亚是苏伊士运河沿岸三大港口之一，是一个整洁美丽的沙漠绿洲，处处是椰枣树、草地和花园，被誉为"埃及最美的城市"。

世界上有两条最重要的运河，一条是连同大西洋东海岸到太平洋的巴拿马运河，另一条就是苏伊士运河。

先简单介绍一下巴拿马运河。巴拿马运河 1914 年 8 月 15 日通航，顾名思义，巴拿马运河位于巴拿马共和国，但获益最大的是美国，尽管 1838 年法国就开始勘探并随后介入前期工程，但最终是 1902 年美国第 26 任总统西奥多·罗斯福组织开凿并获得成功的，这是西奥多·罗斯福任内最主要的功绩，他也因此被与华盛顿、杰斐逊、林肯一同被列入美国历史上最伟大的总统之列，雕刻在总统山群雕上。巴拿马运河全长 81.3 千米，水深 13～15 米，河宽 150～304 米。整个运河的水位高出两个大洋 26 米，设有 6 座船闸。船舶通过运河一般需要 9 小时，可以通航 76 000 吨级的轮船。没有巴拿马运河之前，行驶于美国东西海岸之间的船只必须绕道南美洲的合恩角。巴拿马运河通航后使船只的航程缩短约 15 000 千米（约 8 000 海里）。航行于欧洲与澳大利亚之间的船只经由该运河也可将航程减少 3 700 千米（约 2 000 海里）。巴拿马运河也是北美洲和南美洲的分界线。

在世界两大运河之中，成功通航于 1869 年的苏伊士运河当然是"大哥"。苏伊士运河位于埃及东北部的苏伊士地峡，连接着地中海和红海，将大西洋、地中海与印度洋联结起来，大大缩短了欧亚非三大洲之间的航程。是欧洲到印度洋之间最近的一条航线，也是亚洲和非洲的重要交

8
埃及——苏伊士运河和金字塔

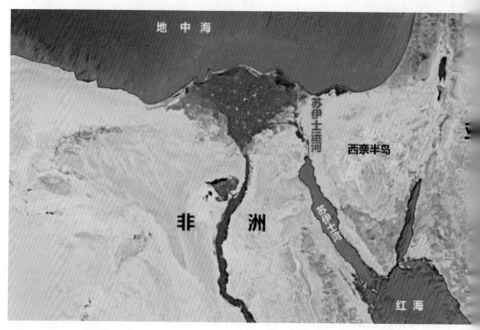

货船通过苏伊士运河

界线。

　　通过开凿运河以连接红海和地中海的设想，埃及人早在4 000多年前的法老时代就已经提出，埃及第十二王朝就开凿出了沟通尼罗河支流与红海之间的运河，但由于泥沙的沉淀淤积，古运河被废弃。

　　近代苏伊士运河的开凿开始于拿破仑时代。拿破仑曾经雄心勃勃地要组织开凿，但因负责勘测的工程师错误地计算了红海和地中海的水位，得出"红海水位比地中海高出10米，开凿运河后红海海水将淹没尼罗河三角洲"的结论而放弃。

　　8世纪中叶，英法两国加紧对东方资源的争夺。法国迫切希望修通运河，沟通地中海与红海，直抵东方，以打破英国对好望角航道的控制。而英国为维护其在东方，特别是在印度的利益，反对开凿运河，主张从亚历山大修筑铁路。1854年，曾任法国驻亚历山大总领事的勒赛普斯，依靠法国政府的支持，获得了开凿苏伊士运河的特权。为了开凿运河，他以2亿法郎的资本组建了"国际苏伊士运河公司"。勒赛普斯还与埃及政府签订了租让合同，合同规定：运河区租期99年，期满后全部归还埃及；埃及政府无偿提供开凿运河所需的土地，并提供劳动力；埃及政府可获运河纯利润的50%。1859年4月25日，勒

赛普斯宣布苏伊士运河在塞得港正式破土动工，运河开凿历时 10 年，据统计有 12 万劳工因疾病和饥饿、劳累失去了生命。埃及政府也因运河的开凿陷入了严重的财政危机，并不得不向英、法等国借债。在付出了巨大的代价之后，1869 年 11 月 17 日，全长 163 千米、宽 52 米、深 7.5 米，连接地中海与红海的苏伊士运河终于正式通航。它的开通，使从欧洲到亚洲的水路比绕道好望角缩短 8 000～10 000 千米，不仅减少了航程时间，而且减小了船舶绕道好望角航行可能遭遇风暴的风险。后来在实际施工中发现，地中海和红海水位基本相等，因此苏伊士运河没有设置船闸。

　　1869 年运河正式通航时，是由法国控制的。1875 年，英国趁埃及财政拮据，用不到 400 万英镑廉价买下了埃及持有的全部股份。1882 年英国占领埃及后，更直接控制了运河。1888 年西方列强缔结《君士坦丁堡公约》，规定运河的安全和自由通航必须得到保证。英国直到 1904 年才正式加入这个公约，但继续在运河区驻扎大量军队。1914 年，第一次世界大战爆发，英国宣布埃及为"保护国"。1922 年，英国承认埃及独立，但仍保留在运河区的驻兵权。

　　随着苏伊士运河的重要战略地位和经济价值越来越被世界公认，

对苏伊士运河管理权的争夺也日趋激烈。从法国对苏伊士运河的独霸，到英、法两国共管，再到《君士坦丁堡公约》的签订，规定所谓的"一切国家在任何时候对苏伊士运河均可自由使用"，经历了近100年的时间。在这段时间内，苏伊士运河的管理权一直为列强所把持，埃及人则对此无可奈何，直到1956年7月26日，埃及总统纳塞尔下令将国际苏伊士运河公司收归国有，苏伊士运河的管理权才真正回到埃及的手中。

苏伊士运河的最近一次拓宽、修浚是在2015年8月，新运河工程总量长72千米，包括开凿35千米的新河道，以及拓宽和加深37千米旧运河并与新河道连接。此外，新运河项目还包括新修6条连接运河两岸的隧道，河道的宽度由原来的52米增至160～200米，深度由原来的7.5米增至15米。目前可通行8万吨巨轮。据统计，每年约有1.8万艘来自世界100多个国家和地区的船只通过运河。中东地区出口到西欧的石油，70%经由苏伊士运河运送。中国每年也有大批货轮通过苏伊士运河。

中午，我们就在附近吃当地餐食，下午回到开罗去参观法老村。参观时，游客坐在船上，岸上表演古埃及人的生活，包括农耕、畜牧、造纸、做饼子、制作木乃伊、雕刻工艺品等。

从法老村回来，我们还去了埃及最著名的哈利利市场，买了一些工艺品。我买了一座鹰神霍鲁斯雕像。

2019年8月12日，用半天多的时间，我们先去著名的金字塔，在那里重点停留了3个地方，第一个是金字塔正面，第二个是金字塔侧面的高地，那里可以同时拍摄到3座金字塔，照出"飞越金字塔"的照片；

再现古埃及的农耕和造船技术

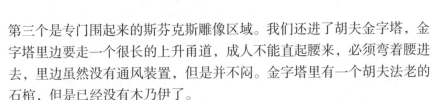

第三个是专门围起来的斯芬克斯雕像区域。我们还进了胡夫金字塔，金字塔里边要走一个很长的上升甬道，成人不能直起腰来，必须弯着腰进去，里边虽然没有通风装置，但是并不闷。金字塔里有一个胡夫法老的石棺，但是已经没有木乃伊了。

然后我们到埃及博物馆看了木乃伊，以及图坦卡蒙金面具等著名文物。下午到开罗机场，马不停蹄地飞往印度西部城市孟买。

金字塔的中文名源自它三角锥体形状像汉字的"金"，这里的"金"并没有"金碧辉煌"或"金字招牌"的涵义。埃及有多少金字塔呢？答案是成百上千，保留完整的现在还有上百座。但金字塔或大或小，形状也并不都是完全的三角锥体，有台阶状的（称为阶梯金字塔），还有坡度呈弯曲状的（称为弯曲金字塔）。

不过，规模最大，也最有名的金字塔只有 3 座。它们是胡夫金字塔、哈夫拉金字塔和门卡拉金字塔。它们相隔不远，都在埃及首都开罗郊外 11 千米的吉萨地区。

胡夫金字塔是世界上最大的金字塔，是埃及第四王朝第二个国王胡夫的陵墓，建于公元前 2690 年左右。在 1888 年巴黎埃菲尔铁塔建成之前，它曾经是世界上最高的建筑物。胡夫金字塔原高 146.5 米，因年久风化，顶端剥落 10 米，现高 136.5 米；底座每边长 230 米，三角面斜度为 52°；塔身由 230 万块石头砌成，每块石头平均重 2.5 吨，最大的

"飞越"金字塔

狮身人面像、胡夫金字塔和微型胡夫法老雕像

8
埃及——苏伊士运河和金字塔

重达 160 吨。

在 4 000 多年前完全没有大型机械的情况下，金字塔是如何建成的一直是人们争论不休的问题。据说，10 万人用了 30 年的时间，金字塔才得以建成。建筑金字塔的石块相互紧密重叠，没有任何粘连物，刀刃也很难插入石块之间的缝隙。金字塔数千年屹立不倒，堪称建筑奇迹。

胡夫金字塔南侧有著名的太阳船博物馆。太阳船是出土文物，当年胡夫的木乃伊就是用木质的太阳船运送到金字塔安葬的。

第二座金字塔是哈夫拉金字塔，建于公元前 2650 年。哈夫拉金字塔高 133.5 米，比胡夫金字塔低 3 米，但由于地势较高的缘故，远处看起来似乎比胡夫金字塔更高一点。哈夫拉是胡夫的儿子，哈夫拉金字塔更出名的是塔前著名的狮身人面像。狮身人面像的面部据说是哈夫拉的模样，其身体为高 22 米、长 57 米的一只狮子，狮子的一个耳朵就有 2 米高。整个雕像除狮爪外，全部由一块巨大的天然岩石雕成。

狮身人面像曾长期埋在沙砾中，4 000 年的岁月使雕像毁损严重。面部更因炮击而被严重破坏，有人说是 19 世纪拿破仑入侵埃及时将其毁损的，但法国不承认。

第三座金字塔是胡夫的孙子门卡拉法老的陵墓，建于公元前 2600 年左右。当时埃及第四王朝已经衰落，所以门卡拉金字塔规模小了许多，仅仅高 66 米。在吉萨，可以拍到三座金字塔在一起的照片。

埃及历史悠远绵长，是世界四大文明古国之一。古埃及文明如此灿烂辉煌，而这一文明的衰亡又如此彻底，我们不能不多花一些功夫了解一下埃及的历史。

据文献报道，9 000 多年前就有人在尼罗河河谷定居，靠农业和畜牧业生活。

古埃及王朝大约出现在公元前 5000 年，公元前 3150 年，美尼斯统一了上下埃及，建立第一王朝，定都孟菲斯，成为古埃及第一位法老，古埃及文明从此建立。古埃及文明中的金字塔、埃及象形文字、方尖碑都是法老时代创造的辉煌成就。

接下来，一系列王朝统治了埃及 3000 年。

埃及学家通常把古埃及历史划分为前王朝时期、早王朝时期、古王国时期、第一中间期、中王国时期、第二中间期、新王国时期、第三中间期和古埃及后期等 9 个时期。其中，前王朝时期是埃及统一之前的文明初期；早王朝时期是古埃及法老统治逐渐形成的时期；古、中、新王国时期则是国家统一、法老中央集权的文明繁荣时期；中间期则是国家分裂或被外族侵略、法老权利没落的时期；古埃及后期是埃及被外族

埃及象形文字石碑　法老埃赫那吞

侵略和统治、渐渐被其他民族征服的时期。

我们要了解的重点是以下内容。

古王国时期，又称孟菲斯帝国（前 2686—前 2135），首都设在距离开罗仅 30 千米的孟菲斯，埃及最早的金字塔就建在这里，现在这里还有很多历史遗迹。建立巨大金字塔的胡夫及其儿子哈夫拉、孙子门卡拉都属于古王国时期的第四王朝。

新王国时期（前 1560—前 1070）有哈特谢普苏特女王、埃赫那吞和图坦卡门等法老。这一时期还有一位很特别的法老——埃赫那吞（前 1352—前 1336），他的样子很奇怪，有着一个大肚子，自称是男人和女人的合体，他的成就是统一了埃及宗教信仰，他的妻子是有名的美女奈菲尔提提。

大家熟悉的图坦卡蒙（Tutankhamun，前 1336—前 1327）生前默默无闻，死后却因从其坟墓发掘出的精美文物而轰动世界。1922 年美国人卡特等发掘此墓后，51 个月内所有进入的人均先后死亡，从而印证了"谁惊扰了法老的安宁，死神就将召唤他"这一"法老的诅咒"。

新王国时期的第 19 个王朝出了一位喜欢炫耀的法老——拉美西斯二世（Rameses II，前 1279—前 1213），他到处树立自己巨大的美男子雕像，现存的超过几百尊。在埃及旅行，到处都可以看到拉美西斯二世的雕像。在阿布辛贝勒神庙，三个拉美西斯二世高大雕像并排坐在一起；最高的拉美西斯二世雕像在孟菲斯，有 14 米高，是埃及最高的雕像，可惜已经倒下破损了。

开罗博物馆里有拉美西斯二世的木乃伊。这具木乃伊 1976 年曾送到在法国用钴 60 照射，以消除真菌的腐蚀使其获得"新生"。按照法国的规定，专门为他办理了护照，所以他是世界上唯一死后还办理护照出国的人。

埃及最后一个王朝是托勒密王朝，最后一个法老是克利奥帕特拉

图坦卡蒙金面具及宝座

二世（Cleopatra II，前70—前30），她就是电影中有名的"埃及艳后"。她与胡夫法老的年代已相距2 000多年。提醒注意的是，当年商博良破译古埃及象形文字，就是从识别出克利奥帕特拉的名字开始的。

我们感兴趣的埃及历史都是在法老的时代，应当记住的法老：胡夫、拉美西斯二世、埃赫那吞、图坦卡蒙和克利奥帕特拉。

法老时代结束后，则是古埃及后期，埃及开始臣服于外来统治者，连续被外族统治长达2 300年，埃及文明遭到破坏，大批古墓中的文物被盗卖，金银器皿被熔化铸成金银块出售，石头雕刻被烧成石灰，只有边缘地区的神庙因为被黄沙掩埋而幸存下来。

先后统治过埃及的"外来人"包括罗马人、波斯人、阿拉伯人、蒙古人、奥斯曼土耳其人、法国人和英国人。19世纪初，受英国派遣的穆罕默德·阿里及其后代建立了阿里王朝，统治埃及；1914年，埃及将国家元首的称号改为苏丹，英国成为埃及的保护国；直到1953年，埃及成为共和国。

因此，今天居住在埃及的埃及人已经不完全是古埃及人的后裔，古埃及的宗教信仰很早就被改变，宗教信仰的缺失，促使盗墓者在法老时代后开始盗墓，并持续数千年，古埃及文明的湮灭也就不难理解了。

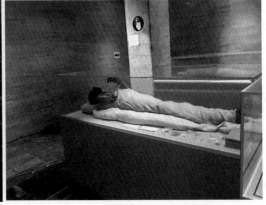

拉美西斯二世的木乃伊和他的雕像

给孩子们讲解如何认识埃及数字

 旅途思考与讨论

1. 文明和文明古国

洲赫：您能否给我们讲讲什么是文明和文明古国？

教授：文明的三个标志是由英国剑桥大学学者格林·丹尼尔在著作《最初的文明》中提出来的，得到了国际公认：第一，必须有城镇，5 000 人以上的人口；第二，必须有文字或其他记录方式；第三，必须具有礼仪系统。

　　解释一下，第一个标志是人类同一文明聚集的体现；第二个标志是文明创立和流传的必要标准；第三个标志是文明常说的仪式，这是人类特有的文明行为。因此很容易理解，穿着树叶或兽皮不算文明的标志，但佩戴装饰品，比如佩戴兽骨雕刻的项链就算文明；同样，用物品包裹遗体或用墓穴下葬不算文明的标志，但有殉葬品就算文明的标志。

　　我们现在所说世界各地的不同文化源流，就参考以上标志，

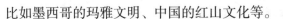

比如墨西哥的玛雅文明、中国的红山文化等。

世界四大文明古国一般是指对应着世界四大文明发源地的四个古国，即两河流域（幼发拉底河和底格里斯河，美索不达米亚平原）孕育的古巴比伦文明，现在西亚的伊拉克；尼罗河流域孕育的古埃及文明，现在北非的埃及；恒河流域孕育的古印度文明，现在南亚的印度；还有就是长江、黄河流域孕育的古代中国文明。有学者认为中国文明应扩展为包容更多内容的东方文明。稍后的爱琴文明（希腊文明）未被包含其中，学者多认为它是两河文明的派生文明。

2. 阿拉伯数字和印度数字

之晗：我们平时说的阿拉伯数字，是阿拉伯人发明的吗？我们在埃及看到的数字怎么不一样呢？

教授：阿拉伯数字由 0、1、2、3、4、5、6、7、8、9 共 10 个计数符号组成，是现今国际通用数字。阿拉伯数字最初由古印度人发明，后由阿拉伯人传向欧洲。现在埃及使用的数字是真正的阿拉伯数字，它和现代数字对照如下：

١—1，٢—2，٣—3，٤—4，٥—5，٦—6，٧—7，٨—8，٩—9，٠—0

我教大家一个一次就记住的方法：

说 1 是 1，拐 2 连 3（阿拉伯数字 1 也像现代数字 1，阿拉伯数字 2 是一个弯，3 是连在一起的两个弯）；颠 3 倒 4，凌 5 欺 6（阿拉伯数字 4 像现代数字 3 的反向颠倒；阿拉伯数字 5 是一个 "0"，记成 "凌"，有时人们会把 "0" 写成心形；像 "7" 的实际是阿拉伯数字 6，记成 "欺"）；七上八下（阿拉伯数字 7 是上端开口的 "V" 形，8 是下端开口的倒 "V" 形）；九九归一，零点开始（阿拉伯数字的 9 又归回现代数字的 9，阿拉伯数字的 0 就是一个点）。你记住了吗？

走进胡夫金字塔

云南师大附小四年级　褚之晗（指导教师：吕素媛）

这次埃及的旅行中我记住了四位埃及法老，第一位是胡夫，他建造了埃及最大的金字塔，但只留下了一个 7.5 厘米不到的小雕像；和他对照的第二位法老是拉美西斯二世，他统治了埃及 60 多年，在埃及到处都是拉美西斯二世的美男子雕像，有几百座；第三位法老是埃赫那吞，肚子很大很难看，他自己说他是男女混合的一个人，所以他是神；他统一了埃及人的宗教，大家统一信仰太阳神。第四位是图坦卡蒙，是现在最有名的埃及法老，他活着的时候没有名气，因为他9岁登基，18岁就去世了。可是，他的墓没有被盗，墓里面有很多珍宝，例如200多公斤（千克）的黄金面具、精美的座椅、金碧辉煌的棺材等，现在这些文物占了埃及开罗博物馆的两层楼。可以想象，其他法老墓如果没有被盗会有多少宝藏？

最大的胡夫金字塔高146米，由每块重2.5吨的230万块巨石堆积而成。在没有任何机械设备的古代埃及，金字塔是如何建成的一直是大家争论不休的问题。

这次爷爷要带我走进胡夫金字塔。进去的时候走了很长、很黑的甬道，高只有1米多，大人要弯着身子。巨石堆积成的金字塔石壁非常紧密，一个刀片都插不进去。比起外面沙漠的酷热来，金字塔里非常凉爽。我们艰难地到达了大约30平方米的主墓室，但里面只有一个巨大的空的石头棺材，还缺了一个口，里面的东西早就被盗墓贼盗走了。金字塔有4700年的历史了，而且还有很多没解释清楚的秘密。导游说，金字塔里放一个苹果2个多星期都不会坏。

金字塔里很黑，要不是爷爷带着，我会感到害怕。在金字塔里爷爷让我放松，他说，如果你能与胡夫法老对话，你会问他什么呢？要不要问问他还有哪些埋藏的宝藏？我想了想，我会问他，他知不知道遥远的东方也有一个文明古国中国？如果法老实现了生命永恒，他想不想来中国看看？

从金字塔出来，回看漫漫黄沙中的雄伟金字塔，我记住了埃及人说的话："一切都害怕时间，但是时间害怕金字塔。"

（2020年1月2日发表于《中国妇女报》副刊）

9 印度
——从孟买、阿格拉到加尔各答

行程第十二天—第十四天（2019年8月12日—8月14日），孟买—阿格拉—加尔各答

航班：埃及航空 MS968 12AUG（16：45—2：00+1）

时差：孟买时间＝开罗时间+2.5小时＝北京时间－2.5小时

在《八十天环游地球》小说里，在印度发生了很多故事。路路通打架被拘留、福格先生行程不顺而不得不购买大象做坐骑等故事都发生在印度，尤其令人难忘的是，福格先生在印度丛林中救出了印度公主，并收获了爱情。这些故事包含了很多印度的宗教、民族、民俗知识。所以，印度也是我们此次旅行关注的重点。还是看一看原文吧！

"印度是个很有趣的地方吗？"

"有趣极啦！那儿有很多庄严的清真寺、高高的尖顶塔、宏伟的庙宇、托钵的苦行僧，还有浮图宝塔、花斑老虎、黑皮毒蛇，以及能歌善舞的印度姑娘！我倒希望您能在印度好好逛一逛。"

但是，真正名副其实的所谓英属印度，只有70万平方英里的面积和1亿到1.1亿人口。由此可见，还有很大一部分地区是英国女皇权力管不到的地方。实际上，印度内地依然存在着一些在英国看来凶猛可怕的土王，他们仍然保持着完全独立。

如今印度的面貌、风俗和种族争执也在日益改变。从前在印度旅行只能依靠那些古老的办法，例如：步行，骑马，坐双轮车、独轮车或轿子，用人驮、坐马车等。如今在恒河与印度河上，有快速轮船航行；还有一条大铁路横贯整个印度，并且沿途有支线。只用3天，就可从孟买到达加尔各答。

虽然孟买风光美丽，景色新奇，但是宏伟的市政厅也好，漂亮的图书馆也好，城堡也好，船坞也好，棉花市场也好，百货商场也好，伊斯兰教的清真寺也好，犹太教的教堂也好，亚美尼亚人的礼拜堂也好，以及在玛勒巴山上的有两个多角宝塔的美丽的寺院也好，这一切，福格先生连一眼也不想看。他既不去欣赏象山的名胜，也不去访问那些深藏在孟买湾东南的神秘地窖；就连萨尔赛特岛上的冈艾里石窟这种巧夺天工的佛教建筑遗迹，他也不屑于去瞧一眼。

路路通买好了几件衬衣、几双袜子之后，看看时候还早，就在孟买大街上溜达起来。大街上熙熙攘攘尽是人，其中有不同国籍的欧洲人、戴尖帽子的波斯人、用布带缠头的本雅斯人、戴方帽子的信德人、穿长袍子的亚美尼亚人、戴黑色高帽子的帕西人。原来这天正是帕西人（或

叫盖伯人）的节日，他们这一族是信奉拜火教民族的后裔，在印度人当中，数他们技艺最巧、文化最高、头脑最聪明、作风最严肃。如今孟买当地的富商都是这一族人。这一天，他们正在庆祝祭神节，有游行，还有文娱活动，跳舞的姑娘披着用金丝银线绣花的玫瑰色的纱丽，和着三弦琴和铜锣的拍子舞得婀娜多姿，而且端庄合仪。

路路通一看到这种新奇的宗教仪式，便会睁大眼睛、竖起耳朵，把舞蹈看个饱，把音乐听个够。他的表情和他那副尊容就像人们想象出的那种最没见过世面的傻瓜。

我们是从埃及开罗乘飞机飞到印度孟买的，到达时是凌晨，我们六人在酒店休息到9：30外出。

在孟买火车站附近有一个著名的千人洗衣场，有5 000多人在那里洗衣服，多数是为宾馆洗被单，很多家族三代、四代专门在那里洗衣服。

我们住的酒店附近，就是孟买著名的海滩——美丽的秋帕提海滩，

孟买印度凯旋门

曾被誉为"英国女王的项链"。

下午，我们乘船去看象岛石窟（Elephanta Caves），摇摇晃晃半个多小时终于上岸。来之前，听说洪水大，可能到不了象岛，但是我们很幸运。

象岛石窟位于印度孟买以东约 10 千米的阿拉伯海上的一个小岛，1987 年被联合国教科文组织列入世界文化遗产名录。象岛石窟艺术属中世纪印度教建筑中的马拉他派，利用天然巨大岩石雕刻而成。

象岛石窟的湿婆神等印度教雕像

象岛是一个幽静而美丽的岛屿，其实象岛并没有象，只因 16 世纪葡萄牙人登陆时发现一头石雕大象而得名。象岛本身风景秀丽，登陆有一段小火车通往景点，岛上遍布菩提树、芒果树、棕榈树、阿育王树和凤凰树。象岛石窟是古代印度教的神庙，石窟由岩石外部向内开凿，形成了一座座佛像与建筑浑然一体的神殿，开凿于 450—750 年佛教衰落、印度教兴起的阶段。

象岛石窟为一凿空的山岩，石窟建筑群内共有两条主轴线，南北轴线从主门延伸到石窟内，排列着大型塑像群；东西方向轴线从偏门一直延伸到石窟内的神殿。分布着许多硕大的列柱，颇为壮观，有许多精美、风格独特的浮雕。

石窟雕刻的题材以印度教三大神之一湿婆崇拜为主。窟平面呈十字形，边长约 40 米。四门两旁各立有两尊高浮雕守门神巨像，石窟门廊两侧及窟内岩壁上有 9 幅巨大的高浮雕嵌板，所刻内容为印度教大神湿婆的各个不同侧面。

最著名的第 5 号石窟有一尊湿婆像，高达 5.5 米，为三个面孔的胸像，以不同的面孔表示湿婆的不同形象。正面代表创造神，神情庄重肃穆；右边代表守护神，表情温和，面带笑容；左面代表毁灭神，露出獠牙，面目狰狞。另一尊湿婆神化身为舞王的健舞石刻，姿态优美，动作灵活。记述湿婆神与帕尔瓦蒂完婚及对弈场面的石刻则洋溢着生活气息。石窟内湿婆斩杀阿达卡的石雕像展现了智慧对愚昧的胜利。大自在天湿婆神一面挥动利剑砍杀象征黑暗的魔鬼，一面用一只碗盛接污血以防止其溅落地面。

象岛石窟虽遭到长时期的破坏，但目前留下的部分仍然是世界的瑰宝。

到孟买的第二天，我们到距离孟买城 40 千米的印度佛教遗址坎赫里石窟（Kanheri Caves），位于国家甘地公园内。石窟开凿于 2—10 世纪期间，是印度连续凿刻时间最久的石窟建筑群，由 109 个石窟组成。其中第三窟最大，长 26.4 米，宽 12 米，里面有 34 根 15.2 米高的石柱和一座 5 米高的佛塔，一系列佛龛、佛像都是整体从岩壁上开凿出来的，从 2 世纪开始开凿，到 5 世纪才完成。走廊两端有近 7 米高的佛像，石壁上还有红色彩绘的观音像和佛陀立像。

坎赫里石窟里的佛教雕像和壁画

坎赫里石窟有许多精美的佛教雕像，也有一些窟是作为祈祷厅设计的，宽敞而佛像不多。坎赫里石窟早于中国的云冈石窟，云冈石窟雕刻的一些艺术形象就源自印度，但佛教在印度已经逐渐衰落，令人惋惜。

辛苦的印度搬运工人

有数百年历史的孟买千人洗衣场

▲ 纪念圣雄甘地的活动

◀ 孟买泰姬玛哈酒店

孟买维多利亚火车站

下午返回时，我们去了印度的维多利亚火车站，英国的历史性建筑宏伟壮丽。在观景台上遇到一群老师和学生在为第二天的独立节拍照，穿着节日盛装，一个小男孩装扮成甘地，还有一个小男孩和小女孩在表演印度婚礼，我们和他们一起照了相。

行程第十五天（8月15日），孟买—新德里—阿格拉—新德里
航班：印度航空 AI348 15AUG（7：55—10：10）
车次：火车 Taj express（18：55—22：00）

2019年8月15日凌晨5：00，我们离开酒店，乘飞机，从孟买到印度首都新德里。抵达新德里后，我们立即乘汽车到阿格拉，路上只有200多千米，但是花了4个多小时，所以到达的时候已经是下午15：00多，我们立即赶往泰姬陵。

事实上，泰姬陵与《八十天环游地球》中福格的行程并不相关。我们到阿格拉看泰姬陵，完全是因为其作为世界文化遗产最耀眼的明珠，不看实在太遗憾，于是我们下决心在这次从孟买到加尔各答的行程中专门绕道从新德里到阿格拉看泰姬陵。

我到过泰姬陵四次，仍然对这一人类艺术珍品百看不厌。当然，我每次来到这里的季节和天气、时段都不同。

在上午10：00或下午16：00时，泰姬陵洁白的大理石对称结构在印度特有的湛蓝无云的天空的映衬下，曲线柔和华美，端庄典雅，晶莹剔透，彰显着圣洁和高贵。

泰姬陵是一个用红砂石围成的长方形陵园，长576米，宽293米，正中央是纯白大理石砌成的主体建筑陵寝，中央圆顶高62米，四周有四座高约41米的尖塔，中间以红石铺成的甬道连接大门和陵寝，周围是绿色的草坪。一个十字形的宽阔水道交汇于中央方形的喷水池，整个建筑以工整均衡的对称形式呈现和谐美。寝宫的上部为一高耸饱满的穹顶，下部为八角形陵壁，寝宫内有一扇雕刻得极为精美的门扉窗棂，印度朋友说这出自中国巧匠之手。

走近泰姬陵，要仔细观察它的镶嵌艺术。泰姬陵以采自阿格拉322千米外的洁白大理石为建筑主体，因为伊斯兰宗教禁用人或动物的形象，所以泰姬陵用产自中国的宝石、水晶、碧玉，伊拉克和也门的玛瑙，斯里兰卡的宝石以及阿拉伯的珊瑚等镶嵌成色彩艳丽的藤蔓花朵装饰图案。泰姬陵的外墙上，以黑色大理石镶嵌出艺术体的古兰经文，想来应当是一些名句。泰姬陵的设计和建设征集了印度以及波斯、土耳其、巴

格达的建筑师、镶嵌师、书法师、雕刻师、泥瓦工共计2万多人参与。这些镶嵌工艺如此精细，似乎宝石和大理石本来就浑然一体。对比如今迪拜富豪掷重金仿造的泰姬陵镶嵌工艺之粗糙，优劣不忍评说。

前三次到泰姬陵，我专门挑选了一天中的不同时段。清晨，泰姬陵从薄雾中逐渐显现，仿佛新娘揭开面纱。傍晚是泰姬陵最美的时候，在太阳的余晖下，白色的泰姬陵变成了金黄色，随着金乌西坠，泰姬陵的轮廓逐渐变成粉红色，在水池中留下美丽的倒影。在满月的夜晚，泰姬陵会变为淡淡的青色，更显洁白无瑕、冰清玉洁。

泰姬陵作为世界文化遗产，在美国《国家地理·旅行家》杂志评选"人一生要去的50个地方"以及2005年评选"世界新七大奇迹"时，都毫无悬念地入选。我则将泰姬陵列为全世界所有人造艺术奇迹中的第一。

泰姬陵有着异乎寻常的包括忠贞爱情、父子反目、兄弟残杀等极致善恶的故事。

泰姬陵是印度莫卧儿王朝第五代国王沙迦尔罕为纪念心爱的王妃，于1631—1653年建造的。他的王妃穆姆塔兹·玛哈尔（原名姬曼）聪明美丽，能诗善画。沙迦尔罕非常钟爱她，赐给她"泰姬·玛哈尔"的封号，玛哈尔为沙迦尔罕生了14个孩子。然而，在生第14个孩子时，泰姬不幸死于难产，年仅38岁。临终前泰姬说："如果陛下不忘记我，请不要再娶。请替我造一座大墓，让我的名字流传后世。"沙迦尔罕悲痛欲绝，一夜白头。他按照爱妻的意愿，广召世界各地能工巧匠，精心设计，亲自监督施工。据说共动用2万多人、1000头大象，历时22年，终于建成了这座举世无双的杰作。泰姬陵包括殿堂、钟楼、尖塔、清真寺、方形水池、草坪等。沙迦尔罕还打算在泰姬陵的朱木拿河对岸用纯黑的大理石为自己建造一座规模、形状相同的陵墓，河面上用黑白两色的大理石桥梁相连，以示爱情绵绵、生死不离。

然而，历时22年的修建，使得王国财力耗尽，民怨丛生，导致莫卧儿王朝衰落。1658年，即泰姬陵完工后的第5年，沙迦尔罕的第3个儿子奥朗则乘机弑兄杀弟，篡夺王位。沙迦尔罕被囚禁在朱木拿河对岸他原来准备为自己建造陵墓的地方，也不被允许到泰姬陵去为爱妻献花，每天只能远远遥望泰姬陵，直到8年后郁郁而死。直到死后，逆子才允许将沙迦尔罕的棺椁放进泰姬陵，与爱妻躺在一起。

印度诗人泰戈尔为泰姬陵写下了美丽的诗句：

如果生命在爱火中燃尽，会比默默凋零灿烂百倍。
爱情谢幕的一刻，也将成为永恒面颊上的一滴眼泪。

印度火车的二等车厢有座位和空调　　三等车厢为站票，火车边走乘客边上下车

　　参观完泰姬陵，我们乘坐火车从阿格拉返回新德里，这也是一次乘坐印度火车的体验。在印度火车站，上下火车要走很长的路，当地导游会安排印度搬运工给有需要的乘客搬行李。他们把两个 20 多千克重的箱子一起顶在头上，有电梯时就直接顶着上电梯，没有电梯就用头顶着爬楼梯。每件行李收费 100 卢比，相当于 10 元人民币。我们觉得过意不去，想多给一点，但当地导游不让，说不能破坏地方的价格标准。

　　大家一定对印度火车顶上坐满人的景象有深刻印象，实际上，那只适合老式的烧煤或内燃机火车，现在的电气火车是不可能坐在顶上的，太危险了！但印度火车还是有自己独一无二的特点。我们乘坐的火车是泰姬号快车 Taj express，在印度算等级较高的火车，车厢分一等、二等和三等三个等级，我们购买的是二等车厢，车厢内有空调，对号入座。我们前面一节车厢是三等车厢，三等车厢内绝大多数是站票，上车靠挤，火车车厢没有门，行驶速度慢时，也可以随时上下车。这种车厢的车票极为便宜，算印度的社会福利。

　　火车行驶 3 个多小时后到达新德里，我们一行人在晚餐后入住酒店。

行程第十六天（2019 年 8 月 16 日），新德里—加尔各答

　　在印度新德里为期一天的旅行中，我们首先去了很有名的伊斯兰教神庙贾玛清真寺（Jama Masjid），然后去了新德里的红堡（Red Fort）。印度有两个红堡，风格相似，阿格拉的更宏伟，更像城堡；而新德里的

红堡虽然规模小一点，但有皇家花园和精致的雕刻，更像皇宫，也更舒适。在红堡门口，印度家庭邀请之晗和他们一同照了相。红堡对面是印度耆那教的一个天衣派神庙（Digambar Jain Temple），但不让拍照。

然后，我们去了印度 2000 年才建成的一个最新神庙——阿克萨达姆神庙，它是由 5 个拱形的屋顶组成的一个宏大的建筑，里面有几百尊很精细的印度教神像石雕，从中可以看到印度工匠保持着优秀技艺的传承，可惜，这里仍然不让拍照。

我们又在匆忙中看了印度总统府、国会大厦、甘地陵（Raj Ghat）。最后到机场乘晚上 20：15 的印度航空 AI022 航班，飞往印度东部的城市加尔各答。

凌晨，我们到达加尔各答。由于昨夜下了暴雨，有些地方发生了洪水，还有很多地方仍被水淹着。

新德里红堡门口

加尔各答是印度西孟加拉邦首府。在英国殖民时期，从1772—1911年的140年间，加尔各答一直是英属印度的首府。所以城市遗留着大量维多利亚风格的建筑。

最漂亮的是维多利亚纪念馆，这座白色石砌宫殿融合了文艺复兴和伊斯兰风格，高贵典雅。

我们来加尔各答观看的重点是印度博物馆、迦梨女神庙和泰戈尔故居。

加尔各答的名称来源于一个村庄的名字——卡利卡塔（Kalikata）。卡利卡塔的意思是迦梨女神的土地。我们首先看的景点是达克希涅斯瓦寺（Dakshineswar Kali Temple），即迦梨神庙。关于迦梨女神，我们将在下一章详细叙述。

加尔各答印度博物馆，全称杰都加尔印度博物馆，是印度最大的博物馆，1814年由英国皇家亚洲协会创办，其外观是围着草地的意大利风格大楼。博物馆共分3层，分考古学、艺术、民族学、地质学、物产、动物学六大部门，展出丰富的印度文化遗产。其中第一层考古学部门陈列最为丰富，也是我们参观的重点。

从博物馆中庭正面入口，可看到印度佛教的著名雕刻"劫树"，按字义应为"永恒之树"，已有2 200年历史。

印度博物馆的犍陀罗雕刻室展品在世界上首屈一指，犍陀罗地区

维多利亚纪念馆

加尔各答印度博物馆里的佛教雕像和象头神雕像

原为公元前6世纪南亚次大陆古代十六列国之一，孔雀王朝时佛教传入，1世纪时，这里成为贵霜帝国中心地区，文化艺术非常兴盛。犍陀罗艺术主要针对贵霜时期的佛教艺术而言，因这一地域是印度与中亚、西亚交通的枢纽，又受希腊文化影响较大，犍陀罗佛教艺术兼有印度和希腊风格，故又有"希腊式佛教艺术"之称。

佛教在公元前6世纪末兴起后的数百年间并无佛像雕刻或画像，佛陀本人的形象皆以脚印、宝座、菩提树、佛塔等象征代替。犍陀罗艺术形成后，对南亚次大陆本土及周边地区的佛教艺术发展均有重大影响。

3世纪后，犍陀罗艺术逐渐向贵霜王朝统治下的阿富汗东部发展，巴米扬佛教遗迹就是犍陀罗艺术的代表之一。由于几百年以来，阿富汗佛教遗迹不断被破坏，印度博物馆的犍陀罗雕刻弥足珍贵。除此外，博物馆还有1875年从出土地移至加尔各答复原的帕鲁德窣堵波塔门和围栏，与桑奇大塔是同一时代的艺术品，有2 500年历史。馆里还有佛教、印度教和耆那教雕刻室，并辟有专门的青铜神像室和印度孔雀王朝展室，由此可以一窥印度宗教的发展演化历史。

博物馆二楼主要是民俗和自然博物馆，包括民族乐器、民间绘画、染织与陶器、象牙和木雕工艺。自然科学方面是印度次大陆特有的动物、植物、矿物和化石等展品。地质学部门号称亚洲最大的地质学展览馆，印度博物馆还以藏有古钱 5 万枚而著称。

我们在洪水包围中看了泰戈尔故居的红色房子。

泰戈尔故居是一座绿树和藤萝掩映中的两层红色小楼庭院，楼前有一尊泰戈尔的半身铜像。这座庭院是泰戈尔的祖父在 1784 年所建的，改建成博物馆后，一楼主要用于办公，二楼是泰戈尔生活过的房间，陈列着反映泰戈尔生平的照片、实物，其中有一间房间专门记录他访问中国的经历。

1861 年 5 月 7 日，泰戈尔出生于印度西孟加拉邦加尔各答。一个婆罗门种姓家庭，属于印度传统文化与西方文化和谐交融的书香门第富商之家。他的祖父和父亲都是社会活动家，泰戈尔是 14 个兄弟姐妹中最小的一个。泰戈尔从小就热爱文学，从 13 岁起就开始写诗。

1878 年，泰戈尔遵照父兄的意愿赴英国留学，最初学习法律，但因不喜欢法律而转入伦敦大学学习英国文学，并研究西方音乐。1880 年回国，开始专门从事文学创作。

泰戈尔一生的作品很多，共计 50 多部诗集、12 部中长篇小说、100 多篇短篇小说、20 多部戏剧。他的作品主要是富于浪漫主义色彩的诗歌和具有印度地域民族色彩的小说。

1910 年，泰戈尔的长篇小说《戈拉》发表。《戈拉》反映了印度社会生活中的复杂现象，塑造了争取民族自由解放的战士形象，歌颂了新印度教徒爱国主义热情和对祖国必获自由的信心，也批判他们维护旧传

泰戈尔故居

统的思想；同时也对梵社某些人的教条主义、崇洋媚外予以鞭挞，深受读者喜爱。这期间他还写了象征剧《国王》和《邮局》及讽刺剧《顽固堡垒》。同年，孟加拉文诗集《吉檀迦利》出版，后泰戈尔旅居伦敦时把《吉檀迦利》《渡船》和《奉献集》里的部分诗作译成英文，《吉檀迦利》英译本于 1913 年出版。诸多成就使泰戈尔成为亚洲第一个获诺贝尔文学奖的作家。

泰戈尔具有强烈的爱国主义和人文情怀，以深厚的感情对待印度社会底层人民，在作品中常常鞭挞封建压迫，揭露现实生活中不合理现象，谴责东方和西方的"国家主义"。为此，他与圣雄甘地有很真挚的私人友谊。

泰戈尔年幼时就对古老而富饶的东方大国——中国非常向往，十分同情中国人民的处境，曾著文怒斥英国殖民主义者的鸦片贸易。1924年，泰戈尔访问了中国上海等地，这期间的主要翻译和陪伴者是徐志摩和林徽因。

1941 年 8 月 6 日，泰戈尔在加尔各答祖居宅第里平静地离开人世，成千上万的市民为他送葬。

尽管泰戈尔的成名作是小说《戈拉》和诗歌《吉檀迦利》，但我推荐你们阅读的是小说《沉船》和哲理短诗集《游思集》《飞鸟集》。

小说《沉船》的故事情节引人入胜，你一旦翻开就会期待结局。小说的序幕由沉船这个偶然事故拉开，两对青年男女的婚姻和爱情也因此出现了离奇的变故。泰戈尔在这些变故中反映的书中人物高尚的人格给人以启迪。希望你们自己去读一下这本书。

泰戈尔的短诗华美、浪漫而富于哲理，值得抄录，值得背诵，值得不断回味。例如：

只有经历过地狱般的磨砺，才能练就创造天堂的力量；
只有流过血的手指，才能弹出世间的绝响。

——《飞鸟集》

如果你把所有的错误都关在门外，真理也要被关在门外面了。

——《飞鸟集》

生如夏花之绚烂，死如秋叶之静美。

——《生如夏花》

世界以痛吻我，要我报之以歌。

——《飞鸟集》

当你为错过太阳而哭泣的时候，你也要再错过群星了。

——《飞鸟集》

我们把世界看错，反说它欺骗了我们。

——《飞鸟集》

离你越近的地方，路途越远；最简单的音调，需要最艰苦的练习。

——《吉檀迦利》

我们的这次行程在印度用了较多时间，看了很多东西，但仍感觉意犹未尽。因此，我想给你们讲讲印度的历史和文化，到印度旅游重点应该看些什么。

我们先从印度的历史讲起。

印度是南亚次大陆最大的国家，是中国的邻居之一。古印度是四大文明古国之一，至少在 20 万年前这个地方已经有人类居住。已知的最古老的印度文明是公元前 2500 年诞生的印度河文明。其中心在哈拉帕，位于现在的旁遮普地区，故被称为哈拉帕文化。

公元前 1500 年左右，中亚的雅利安人进入南亚次大陆，征服当地古印度人，建立了一些奴隶制小国，雅利安人带来的新文化体系（吠陀文化，名称来源于雅利安人的圣典吠陀经）取代哈拉帕文化并确立了种姓制度。

公元前 188 年，孔雀帝国灭亡，后群雄割据、外族入侵，从公元前 2 世纪初开始，大夏希腊人、塞人、安息人和大月氏人先后侵入印度。大月氏成功地在北印度建立了强大的贵霜帝国。贵霜帝国在强盛了若干世纪之后分裂为一些小的政治力量，在北印度占优势地位的是笈多王朝。笈多王朝是孔雀王朝之后印度的第一个强大王朝，也是由印度人建立的最后一个帝国政权，被认为是印度古典文化的黄金时期。

阿拉伯人从 8 世纪初开始远征印度，11 世纪后，中亚的突厥人实现对印度的征服，廓尔王朝的统治者穆伊兹丁·穆罕默德征服印度后，任命总督用苏丹头衔统治北印度地区，定都德里。1526 年，突厥人帖木儿的后代巴卑尔从中亚进入印度，被尊为"印度斯坦的皇帝"，建立莫卧儿帝国。

莫卧儿王朝后，印度进入漫长的殖民时期，葡萄牙人、荷兰人、法国人和英国人先后来到印度，最后英国人占据优势。1600年，英国侵入莫卧儿帝国，建立东印度公司，1757年以后，印度进入由英政府直接统治的时代，称英属印度。

由于印度历史上造成的主要两个宗教群体——印度教和伊斯兰教长期存在矛盾，1909年英国通过改革法案，规定穆斯林和印度教徒在立法机构改选中实行分别选举，此后教派政治成为制度，印度民族运动分裂。第一次世界大战后，印度民族主义运动发展，国大党领导人甘地多次领导反英斗争，主要方式是甘地倡导的"非暴力不合作"。在第二次世界大战后世界反殖民化潮流影响下，1947年6月，英国政府颁布《蒙巴顿方案》，宣布放弃殖民统治，实行印度与巴基斯坦分治，把英属印度分为印度联邦和巴基斯坦两个自治领。1947年8月15日，印度自治领成立。1950年1月26日，印度宣布成立独立的共和国，同时成为英联邦成员国。

现在的印度是仅次于中国的世界第二人口大国，人口数约为13.8亿（2020年），是由100多个民族构成的统一多民族国家，主体民族为印度斯坦族，约占全国总人口的46.3%。

宗教方面，佛教由古印度迦毗罗卫国（今尼泊尔蓝比尼）王子乔达摩·悉达多所创。公元前4世纪到公元前1世纪，是印度佛教诞生和发展的时期（耆那教也产生于这一时期），以公元前4世纪统一印度的孔雀王朝为代表，阿育王崇尚佛教，史上也称这一时期为佛陀时期。大家熟知的唐僧取经故事发生在7世纪（643年），玄奘载誉启程回国，并将657部佛经带回中土，实际上，此时佛教在印度本土已经逐渐式微。

公元前6世纪至4世纪是印度婆罗门教的鼎盛时期，4世纪以后，佛教和耆那教发展，婆罗门教开始衰弱。到了8世纪、9世纪，婆罗门教吸收了佛教和耆那教的一些教义，结合印度民间的信仰，改革逐渐发展成被称为"新婆罗门教"的印度教。印度教保留婆罗门教的基本教义，信奉梵天、毗湿奴、湿婆三大神，主张善恶有报、人生轮回。现在的绝大多数印度人信仰印度教。

印度的文化非常灿烂，印度的旅游资源在世界上也首屈一指，历史古迹比比皆是，众多建筑独具特色，传统节日数不胜数，民族民俗风情缤纷多彩。这次是我第五次到印度，今后可能还会再来。

到印度旅游，可以先从"金三角"开始，即看新德里的红堡、印度门、胡马雍大帝陵，阿格拉的泰姬陵和阿格拉红堡，以及斋浦尔的琥珀堡、风宫。

　　我们这次看过的孟买维多利亚车站、泰姬玛哈酒店、象岛石窟、加尔各答维多利亚纪念堂、印度博物馆、泰戈尔故居和迦梨女神庙一定使大家深刻印象。其他如焦特布尔的梅兰加尔堡、乌代布尔的城市宫殿、克久拉霍古迹组群的人体浮雕都值得一看。若你想深入了解印度教，我推荐印度南部马杜赖的米纳克希神庙，还有印度人的圣地恒河。如果你对佛教感兴趣，可以专门来一次佛教圣地游，看看 2 500 多年前佛陀出生地蓝毗尼（现在尼泊尔境内，但不远）、佛陀成道的地方菩提伽耶、佛陀传播佛法的鹿野苑以及涅槃之地拘尸那罗。这几个地点都离恒河不远，旅行不困难。

　　怎么样，是不是到印度一两次远远不够？有些人将印度视为"畏途"，怕危险，其实大可不必。只要注意不喝生水、女性避免夜间单独外出就不会有问题。

10

印度教中的众多神祇：
迦梨女神与印度的殉葬

在凡尔纳的《八十天环游地球》中，福格从苏伊士乘船到达印度，在孟买到加尔各答的途中救下了即将被部落土王殉葬的印度年轻寡妇艾娥达。福格本来要将艾娥达带到香港，投奔亲戚，但到香港发现亲戚已经搬走，无法联系，艾娥达从此一路跟随福格直到伦敦，旅途中与福格相爱。当福格比预定时间迟 5 分钟到达伦敦，打赌失败而变成穷光蛋时，艾娥达接受了福格的求婚。翌日，正当两人准备进行教堂婚礼时，剧情大反转，路路通突然发现他们赢得了 1 天时间，这是因为他们一直向东旅行，产生时差所致。福格反败为胜赢得了赌博，也得到了年轻、美貌、可爱的艾娥达的爱情。

这个故事是凡尔纳书中引人入胜的重要情节。

"寡妇殉葬是怎么回事？"

"福格先生，"旅长回答说，"殉葬就是用活人来做牺牲的祭品。可是这种活祭是殉葬者甘心情愿的。您刚看见的那个女人，明天天一亮就要被烧死。"

"那个死尸是谁？"福格问。

"那是一位土王，他是那女人的丈夫，"向导回答说，"他是本德尔汗德的一个独立的土王。"

"怎么，"福格先生并不激动，接着说，"印度到现在还保持这种野蛮的风俗。难道英国当局不能取缔吗？"

"在印度大部分地区已经没有寡妇殉葬的事了，"柯罗马蒂回答说，"可是，在这深山老林里，尤其是在本德尔汗德土邦的领地上，我们是管不了的。文迪亚群山北部的全部地区，就是一个经常发生杀人掳掠事件的地方。"

"这可怜的女人！要给活活地烧死啊！"路路通咕哝着说。

"是呀！活活烧死，"旅长又说，"倘若她不殉葬的话，她的亲人们就会逼得她陷入您想象不到的凄惨的境地。他们会把她的头发剃光，有时只给她吃几块干饭团，有时还把她赶出去，从此她就被人看成是下贱的女人，结果会像一条癞狗一样不知道会死在哪个角落里。这些寡妇就是因为想到将来会有这种可怕的遭遇，才不得不心甘情愿地被烧死。促使她们愿意去殉葬的主要是这种恐惧心理，并不是什么爱情和宗教信仰。不过，有时候也真有心甘情愿去殉葬的，要阻止她们，还得费很大力气。几年前，有过这么一回事：那时我正在孟买，有一位寡妇要求总督允许她去殉葬。当然您会猜想到，总督拒绝了她的请求。后来这个寡妇就离开孟买，逃到一个独立的土王那里。在那里她的殉葬愿望得到了满足。"

旅长讲这段话的时候，向导连连摇头，等他讲完，向导便说道："明日天一亮就要烧死的这个女人，她可不是心甘情愿的。"

"本德尔汗德土邦的人全知道这桩事。"向导说。

"可是，这个可怜的女人似乎一点也不抗拒。"柯罗马蒂说。

"这是因为她已经被大麻和鸦片的烟给熏昏过去了！"

"可是他们把她带到哪儿去呢？"

"把她带到庇拉吉庙去，离这儿还有2英里。留她在那里过一宿，时候一到，就把她烧死。"

向导说完了话，就从丛林深处牵出大象，他自己也爬上了象脖子。但是，当他正要吹起专用于赶象的口哨叫大象开步走的时候，福格先生阻止住了他，一面向柯罗马蒂说："我们去救这个女人，好吗？"

我们今天旅行印度，当然不可能在途中再上演英雄救美的故事。但印度真有这种让妇女为死去丈夫殉葬的事吗？

100多年前，这种状况在印度还是十分普遍的事。丈夫死去时，活着的妻子就变成了耻辱，受到社会和家人的排挤和歧视，她的家庭甚至担心她的不幸会为家族带来厄运。于是很多寡妇会离开家庭，前往圣城温达文或瓦拉纳西乞讨，或者在寺庙中诵读祈祷文以赚取微薄的收入度过余生。更严重的是，在流行印度教的城邦，把"寡妇自焚"作为一种正统观念而成为习俗。对于印度教徒来说，丈夫是妻子心目中的神明，妻子必须像祭祀供神那样对待自己的丈夫，并且心甘情愿地顺从自己的丈夫。丈夫死去，她应同亡夫一起躺在火葬的干柴上，让自己活活地被烧死。做到了这点，她就得到忠贞贤德妻子的美名，而且僧侣会许诺她们来世得到善报。

据有关资料记载，18世纪初，印度80岁的马拉瓦亲王去世时，留下了47名遗孀。当时他的遗体被摆放在一个铺满干柴的大坑里，他的47位遗孀被同时推进这个坑内被活活烧死。火葬完毕后，她们的骨灰被人搜集在一起，然后被抛进大海。后来，人们在她们殉难的地方修起了一座寺庙，以示纪念。

在印度的不同地区，寡妇殉葬的形式会有所区别。有些殉葬将妻子与亡夫尸体捆绑在一起，点火焚烧；有些殉葬迫使寡妇自己跳入堆满干柴的坟坑内自焚身亡。她们殉葬，有些是世俗强迫使然，有些是宗教说教加上寡妇对自己未来的忧虑使然。当印度成为英国的殖民地后，英国统治者于1829年正式提出废止寡妇殉葬。但很长一段时间内，印度边远地区的寡妇被迫自焚的事件仍不断发生，尤其是未生育过的寡妇。

凡尔纳《八十天环游地球》的故事发生于 1872 年，那个时候竟然还有这样残忍的习俗存在。幸运的是，随着时代的变迁，这种习俗在印度已经一去不复返了。

有人认为故事中提到部落祭祀的死亡女神迦梨［也译卡利女神（Kali Devi），又称杜伽女神（Durga Devi）］是一个可怕的角色，其实迦梨女神是最美丽、最受印度教崇拜的女神。她有着金色的皮肤，身着华丽的红色纱丽，有各种珠宝为饰；她眼睛美如青莲花，头发乌黑，戴皇冠于顶上；八支手臂持各种武器，坐于狮子上。她也被称为帕尔瓦蒂（Parvati），是印度教主神湿婆的妻子，也是藏传佛教中的"雪山女神"及"度母"的原型。在印度瑜伽灵性传统中，她是物质自然能量的人格化身。

在印度，你会看到城乡到处有神牛在散步，汽车必须让着它们。神牛崇拜是因为印度教的主神湿婆的坐骑是白色的牛。但这里有严格的定义，是背上带瘤的白色奶牛，印度教里称其为婆罗门牛。敬牛就是敬神，似乎每头神牛背上都乘坐着湿婆神在巡视信众。印度圣雄甘地有两段名言："牛是印度千百万人的母亲。古代的圣贤，不论是谁，都来自牛。""母牛为什么被选为圣化的对象，我心里十分清楚。母牛在印度是最好的伴侣。她是富足的赐予者，她不仅给我们牛奶，还使整个农业成为可能。"从甘地的话里可以知道，神牛，包括其伴侣雄牛，也是可以用来耕地和拉车的，对此，印度朋友的解释是："神也要劳动"，但不能鞭打和虐待神牛，且绝对不能杀害神牛。印度有专门保护奶牛的法律，杀奶牛是犯法的。从事农耕的神牛年老之后，主人往往因为经济因素不能继续养活它们，于是把它们放之于野，任其自由游荡，吃"百家饭"颐养天年。印度人会在力所能及的范围内给它们一些食物。但是，在印度水牛不是神牛，在一些大的酒店，可以点到用水牛肉做的牛排。

现在，我们来了解一下印度的宗教。

印度有 99％以上的人都信奉宗教，不同的宗教能够在印度并存。读过《西游记》的人都知道唐僧西天取经的故事，知道佛教起源于印度。但现在，据 2007 年《印度年鉴》统计，印度教信徒占印度人口的 82.41％，信伊斯兰教的占 11.67％，信基督教的占 2.32％，另有 1.99％信锡克教，0.41％信耆那教，信佛教的人不到 1％。

印度教的前身是婆罗门教，与佛教、耆那教几乎是同时期即公元前 9 世纪创立的。后来婆罗门教也吸收了佛教、耆那教等其他信仰的教义，成为印度信众最多的宗教。

恒河是印度教的圣河，每年都有成千上万的信徒到恒河中沐浴。

大家深信恒河可以净化灵魂，甚至很多信徒会在晚年来到恒河边，相信在这里，死后可以立即被接引到神圣之地。

耆那教是印度的一个古老的宗教，耆那教认为任何形式的生命都要保护，不能伤害。所以耆那教的修行者不乘车，避免车辆碾死任何小虫；他们也不吃任何长在根部的食物，因为挖取根部植物时会伤害蚯蚓等生物。耆那教中的天衣派甚至裸体生活。

我们当然不可能记住那么多的印度神祇。但有 5 个神最好要记住。

首先是印度教三大主神梵天（Brahma）、湿婆（Shiva）和毗湿奴（Vishnu）。这三大神皆能自由变化，神格十分崇高，在印度诸神祇中处于最高的地位。

梵天是创造之神，宇宙之主，他的坐骑为孔雀。传说梵天有四个头，塑像往往体现成四个面。但在印度，很少有单独供奉梵天的神庙，多数是把梵天和湿婆、毗湿奴合在一起供奉的。这是因为在印度教中，世界和人类已被创造，湿婆的地位显著超过了梵天。梵天也是印度佛教中的大梵天王，是佛教中的护法神之一，即南传佛教中的四面佛。在东南亚，尤其是泰国，认为四面佛能保佑人间富贵吉祥，所以有非常多的信众。

湿婆，又译作"希瓦"，是毁灭之神，同时也是宇宙与生命的守护神。湿婆形象的显著特点是五面三眼四臂。三只眼睛使他能够很方便地视察世界的每一个角落，中间的一只眼可以喷出愤怒之火，摧毁所看到的一切。虽然毁灭神的名号听起来比较恐怖，但湿婆实际是个多才多艺的神——他是印度舞蹈的始祖，被尊称为"舞神"，会跳 108 种舞蹈，分为女性式的柔软舞和男性式的刚健舞两大类型。人们常看到的湿婆塑像就是跳舞的形象。印度教中的林伽崇拜也是崇拜湿婆的形象。湿婆终年在喜马拉雅山上的吉婆娑峰刻苦修炼瑜伽，通过严格修行和彻底参悟获得最深奥的知识和智慧。所以湿婆是信众最崇拜的主神，印度教中三亿三千三百万神都是湿婆的下属。湿婆就是佛教中的大自在天，住在色界之顶，为三千界之主。有地、水、火、风、空、日、月、祭祀 8 种化身，拥有毁灭和再生的力量。

毗湿奴是宇宙的守护神。常被描述为一位祥和的青年武士，全身皮肤呈蓝色，披金袍，戴金冠，脖子上挂着花环，胸前装饰着宝石，额头上还有一个"V"字形的标记。同样有 4 只手臂，分持轮宝、莲花、法螺和神杖。他的坐骑是一只鹰头人身的大鹏金翅鸟。毗湿奴有 10 个化身，分别为鱼、龟、野猪、狮面人、侏儒、持斧罗摩、罗摩、黑天、释迦牟尼、迦尔基。其中罗摩、黑天是印度两大史诗《罗摩衍那》和《摩诃婆罗多》中的人物。印度教甚至将佛教的释迦牟尼说成是毗湿奴的化身之一，佛教徒当然不认可这种说法。

在印度的所有神祇中，最亲民可爱的无疑是象头神迦尼萨（Ganesha）。他长着象头，笑容可掬，谁都认识。他是湿婆神与雪山女神帕尔瓦蒂之子。印度教徒在结婚、商铺开张、拜师开学、出门旅行等几乎所有仪式之前都会敬拜迦尼萨，相信他会带来成功和幸福。他是印度的家庭守护神，甚至诗人的灵感也是从迦尼萨那里得到的。迦尼萨的出生有一个故事，他的母亲雪山女神怀孕后，在父亲湿婆离家不在时生下了迦尼萨。因为迦尼萨是神之子，所以很快就长大。有一天雪山女神想洗澡，就让儿子守在门外，以免外人偷窥。长期外出的湿婆回家，见到一个高大英俊小伙子站在门口，醋意大发，一怒之下一刀砍下了迦尼萨的头。雪山神女立即告诉丈夫这是他的儿子，湿婆知道做错了事，于是去求毗湿奴。毗湿奴告诉湿婆神，将见到的第一个动物的头砍下，安在他儿子的脖子上，就可以使迦尼萨死而复活。湿婆遇上的第一个动物就是大象。于是取下象头放在了儿子的身上，因此迦尼萨就成了象头人身。同时湿婆为了补偿他的儿子，便命令所有的神都要全力帮助象头神达成目标。从此，只要有象头神想要完成的愿望，诸神就会竭尽全力去帮助他扫除一切障碍。于是象头神就成了破除障碍之神，受到所有信徒的膜拜。

迦梨女神有 10 个名字，包括玛卡利、玛杜卡等。她是印度主神湿婆神妻子雪山女神的另外一个化身，她是舞蹈之神，也是很凶残的复仇之神，在《八十天环游地球》当中，主人公福格搭救印度公主时，逼迫妻子殉夫的人抬的就是迦梨女神像，这是印度历史上一个教派的习俗，所以迦梨女神是小说中的重要内容之一。

迦梨女神有两个形象，一个异常漂亮、端庄，为彩色面孔；另一个相貌凶狠，为蓝色面孔，舌头吐在外边。迦梨女神有 3 只眼睛，额上的眼睛是天眼，所以能够知道善恶。导游告诉我们，迦梨女神专门惩罚说谎、作恶的坏人，她不用刀具，直接挥手就可杀死他们。惩罚恶人时，迦梨女神有 10 只手，分别执向众神借来的 10 件武器，包括毗湿奴的神盘、湿婆的三叉戟、因陀罗的雷杵、阿耆尼的火焰标枪等。迦梨女神最大的功绩是杀死魔鬼拉克塔维拉。因为魔鬼拉克塔维拉滴出的每一滴血都能产生一个新的拉克塔维拉化身，所以难以战胜。迦梨抓住拉克塔维拉后，刺穿他的腹部喝干了他的血，使得魔鬼无法再生。

我们在加尔各答看了专门祭祀迦梨女神的神庙，这是印度最大的一个迦梨女神庙，神庙非常宏伟，有 9 个穹顶，可惜不让拍照。我们的导游非常好，专门带我们去加尔各答的库马图利（Kumartuli），这

迦梨女神的两种相貌

加尔各答的迦梨女神庙

工匠在制作神像的骨架

恒河泥土制作的神像将在庆典后送还恒河

为神像画眼睛是一道神圣的工艺

里整整一条街汇集了几百家手工制作迦梨神像的作坊。师傅们的手艺都是祖传的，他们用竹子和稻草制作成神像骨架，然后用来自恒河的灰白色细腻泥土塑成一个个美丽的女神雕像和她的坐骑狮子，再涂上艳丽的彩色。工艺大师在画女神眼睛时，要先禁食一天，画完以后的几天也只能吃素食。每年的迦梨女神节一般在9月底至10月初，8月正是制作迦梨女神塑像的繁忙阶段。在女神节，成千上万的信徒抬着迦梨神像巡游，盛大的仪式之后，数千座泥土制成的女神雕像将会被放在恒河里重新化为泥土，明年再次塑造。归于恒河而重生于恒河，蕴藏着印度宗教的哲理。

 旅途思考与讨论

佛教和印度教的区别

冯睿：您刚才说印度教的神很多，到底有多少呢？另外，佛教和印度教的区别在哪里？

教授：在印度神庙，一层层站满了印度神祇。你们猜猜有多少神？几百？

118

几千？几万？几十万？几百万？几千万？都不对，印度典籍记载的神灵有 3.3 亿个，信徒们说，神圣的恒河中有多少粒沙子，印度教中就有多少位神灵。每位印度教教徒都可分得一位神灵，绝不重复。

印度教是印度的国教，1993 年统计，印度教在世界上拥有 10.5 亿信徒，仅次于拥有 15 亿信徒的基督教、11 亿信徒的伊斯兰教，大于拥有 3 亿信徒的佛教。印度教的三大主要特点是"崇拜三向神、直接宣扬世袭等级制度、坚定相信轮回转世"。

三向神梵语原意为"有三种形式"。印度教的三位一体，以梵天、毗湿奴和湿婆分别代表天地的各种宇宙功能。毗湿奴象征护持，湿婆象征毁灭，而梵天则是这两种相对立的准则的平衡者。

印度教把种姓制度作为核心教义，要求教徒严格遵守种姓制度。印度的种姓制度是最典型、最森严的等级制度。四个等级在地位、权利、职业、义务等方面有严格的规定，即：以僧侣贵族为主的第一等级婆罗门拥有解释宗教经典和祭神的特权；以军事贵族和行政贵族为主的第二等级刹帝利拥有征收各种赋税的特权；雅利安人自由平民是第三等级吠舍，从事农、牧、渔、猎等，必须以布施和纳税的形式来供养前两个等级；被征服的土著居民是第四等级首陀罗，只能从事农、牧、渔、猎等以及其他低贱的职业。此外还有最低等的贱民。一张根据《梨俱吠陀·原人歌》所绘的图解显示婆罗门是原人的嘴、刹帝利是原人的双臂、吠舍是原人的大腿、首陀罗是原人的脚；至于贱民，则被排除在原人的身体之外。种姓制度规定：各等级职业世袭，父子世代相传；各等级实行内部同一等级通婚，严格禁止低等级之男子与高等级之女子通婚；首陀罗没有参加宗教生活的权利。

印度教坚定相信轮回转世，认为凡人一生中产生的业，决定了他的灵魂下次转世重生时究竟是成为更高等还是更低等的人，抑或变成一头兽，甚至一只昆虫。转世的信念加强了印度教尊重一切生命的认知。并且认为克制情绪及苦行是一种非常重要的修炼方法，它可以使人达到梵我如一的境界，摆脱轮回之苦。

尽管印度的一些流派认为印度教的神有上亿个，但越来越多的印度教徒实际上信的是三个主神。在三个主神中，又往往把毗湿奴或湿婆立为一个主神，其他神都在其下，并都是这两个神之一的化身，所以也有人认为这是具有特殊性的一神教。

10 印度教中的众多神祇：迦梨女神与印度的殉葬

　　佛教与印度教的最大的区别是，佛教否认印度教原有的等级观念，主张四姓平等，人人皆有佛性，考察现实人生，注重实际的修持和体证。因此，佛教有自己独特的思想体系，和印度教的上述三大主要特点是不一样的。

11 新加坡

行程第十七天（2019 年 8 月 17 日），加尔各答—新加坡
航班：新加坡航空 SQ517 CCUSIN（23∶50—06∶40+1）
时差：新加坡时间 = 印度时间 − 2.5 小时 = 北京时间

2019 年 8 月 17 日，我们从印度加尔各答乘深夜的新加坡航班飞行 4 小时 20 分，于早晨 6∶00 多到达新加坡，因预先做了电子签，所以出关很顺利。到达酒店后，我们休息到接近中午。

下午我们先去了新开辟的景点，新加坡的空中花园（也叫瀑布森林花园），又去了裕廊飞禽公园，然后到夜间野生动物园，在那里晚餐。回到酒店已是深夜。

新加坡裕廊飞禽公园是世界上最大的飞禽公园，占地 20.2 公顷，栖息着分属 380 多个物种的 4 600 多只飞禽，被誉为"鸟类天堂"。

最吸引人的首先是热带雨林里色彩鲜艳的南美鸟禽。鲜黄色的犀鸟和巨嘴鸟披着黑色的羽毛，鹦鹉乐园有 92 种鹦鹉，有红色、黄色头冠的鹦鹉在亮绿外衣上还有红色条纹，南美洲的各种小型鸟类无不色彩鲜艳。在这里，你会产生"鸟类羽毛色彩进化有何生物学意义"这样深奥的疑问。

东南亚飞禽展区有一个大型开放式鸟舍，飞禽可以自由飞翔，游人则可以在啾啾鸟鸣中近距离观赏这些鸟儿的舞姿。天堂鸟名声在外，专门的鸟舍前总有人屏住呼吸观赏，唯恐惊吓了它们。

裕廊飞禽公园可以观赏给鸟儿喂食时群鸟飞舞觅食的壮观场面。对于孩子，飞禽知识馆 12 个关于不同鸟类世界的展览可以回答他们好奇的问题。蛋类展览是孩子们的最爱，从小如豆粒的蜂鸟蛋到大如甜瓜的鸵鸟蛋，体积、重量相差百倍，在这里你还能得到高达 2.6 米的已灭绝的象鸟的知识，接受保护物种的生动教育。

在新加坡裕廊飞禽公园，可以乘坐游览车环游各个分区，在自己感兴趣的地方下车，从小径步行看各种鸟类。公园里也有很多湖泊、池塘供水禽嬉戏，我们在火烈鸟旁边合影，傍晚离开前，还看到形态各异的猫头鹰眼睛闪着绿光。

接着，我们来到新加坡夜间野生动物园，这是全球第一座夜间野生动物园，每晚游客云集，要分不同场次和时间入内。我们乘坐的游览专车，路程约 3.2 千米，历时大约 40 分钟，沿途通过 8 个地理区域，如东南亚雨林、非洲大草原、尼泊尔河谷、南美洲彭巴斯草原、缅甸丛林等，可以看到凶猛的大型动物，如狮子、花豹、野牛，也可以看到大象、羚羊等草食动物，在夜间幽暗的光线下，这些动物都在自己的领地

新加坡空中花园

新加坡裕廊飞禽
公园

123

火烈鸟的舞蹈是一道美丽的风景线

从左至右：
孩子们最喜欢的夜间野生动物园
黑夜里的雄狮
不同种的鸟蛋

自由行走。猛兽的眼睛仍然"绿光"闪烁。

动物园的游览车行进过程中，游人可以定点下车，在小径中慢慢走近夜色笼罩下的一些动物。每天晚上，还有一场动物表演——《夜晚的精灵》于园内的露天圆形剧场举行。美洲狮、熊狸、水獭、网纹蟒蛇等竟然都会参与演出。

直到深夜，我们才恋恋不舍地离开野生动物园。

在新加坡的最后一天，我们在鱼尾狮公园照相"打卡"。新加坡别名狮城，城徽是喷水的鱼尾狮。传说 14 世纪时，苏门答腊室利佛逝王国的王子乘船经过小岛，看见岸边有一头异兽狮子，认为这是吉兆，于是在此建城，新加坡"Singapura"就来自梵语"狮城"。

结束了新加坡的旅程，我们到达机场，乘新加坡航空公司的飞机飞往东京。

在《八十天环游地球》小说里，新加坡是难得的让主人公福格悠闲散步的地方，他把这当作一个花园城市。为何如此？我们还是来看一下原文吧。

第二天早晨 4：00，仰光号比规定航行时间提前半天到达新加坡。它要在这里加煤。

福格把这提早的半天时间记在旅行日程表的"盈余时间"栏内。因为艾娥达夫人希望利用这几小时上岸去走走，所以福格先生就陪她一起下了船。

新加坡岛的外貌既不广阔又不雄伟，它缺少作为海岛背景的大山，但是它仍然十分清秀可爱。它像是一座交织着美丽的公路的花园。艾娥达夫人和福格先生坐在一辆漂亮的马车里，前面由两匹新荷兰进口的骏马拖着，在长着绿油油叶子的棕榈和丁香树丛中

新加坡城徽鱼尾狮

奔驰。有名的丁香子就是由这些丁香树上半开的花制作而成的。这里一丛丛的胡椒树，代替了在欧洲农村用带刺植物筑成的篱笆，椰子树和大棵的羊齿草伸展着茂密的枝叶，点缀着这热带地区的风景。那些有深色绿叶的豆蔻树播散着浓郁的香气。树林里还有成群鬼鬼祟祟的猴子。有时在这茂密的树林里也会发现老虎的踪迹。如果你感到惊奇，要想知道为什么直到现在在这个并不算大的岛上还没有消灭这种可怕的野兽，人们会告诉你，这些野兽都是从马六甲泅水过来的。

艾娥达夫人和她的旅伴坐着马车在乡下游览了2小时，福格先生心不在焉地观赏了一下周围的风光，他们就回城里去了。这是一个挤满了高楼大厦的城市。城市周围有很多美丽的花园。花园里种着芒果树、凤梨和各种世界上最美味的果树。

11：00，仰光号加好了煤，就离开了新加坡。过了几小时，旅客已经看不见那些长着茂密的森林和隐藏着最美丽的猛虎的马六甲的高山了。

新加坡距离这个从中国海岸割出去的一小块英国领地——香港约1 300海里。福格希望至多不超过6天的时间到达香港，以便赶上11月6日从那里开往日本大商港横滨的那一班客船。

新加坡全名新加坡共和国，首都就是新加坡市，但别忘了，新加坡国土除了占全国面积88.5%的新加坡岛外，还包括周围63个小岛。新加坡居民以华人为主，还有马来人和印度人。所以宗教除了以华人为主的佛教和道教外，还有伊斯兰教、基督教和印度教。

据文献报道，3世纪这里有原住民居住，最迟在元代就有中国人来到这里，明朝把新加坡称作"淡马锡"。

近代新加坡的历史发展经过了一段复杂的变化。1819 年，英国东印度公司登陆新加坡并开始管辖该地区。1824 年，新加坡正式成为英国殖民地。随着苏伊士运河的开通，新加坡成为航行于欧亚之间船只的重要停泊港口。19 世纪 70 年代前后，新加坡橡胶种植业蓬勃发展，成为重要的橡胶出口及加工基地。

1941 年 12 月，日本出其不意地袭击了新加坡。1942 年 2 月 15 日，英军总司令白思华宣布无条件投降，日本占领新加坡并将其改名为昭南岛。

我们不应忘记，抗战期间，新加坡华裔曾大力援助中国抗日，包括陈嘉庚领导的巨款筹赈，以及南洋华工司机奔赴云南滇缅公路运输抗日物资等，这些都遭到了日本的忌恨和疯狂报复。

日本投降后，英军于 1945 年 9 月回到新加坡。1946 年 4 月 1 日，新加坡成为英国直属殖民地。但新加坡人民要求享有更大的自治权。

1959 年，新加坡进一步取得自治地位。同年 6 月 5 日，新加坡自治邦首任政府宣誓就职，李光耀出任新加坡首任总理。1965 年 8 月 9 日，新加坡脱离马来西亚，成为一个独立的国家。同年 12 月 22 日，新加坡成为共和国。新加坡凭借国民的勤奋，政府的廉洁高效，严格的法律以及特殊的地理位置，成为东南亚重要的金融和转口贸易中心，是 20 世纪 70 年代的"亚洲四小龙"之一。与此同时，新加坡人民的生活水平也得到大幅度提高，科技、教育跻身国际先进水平，医疗、住房、交通等问题都得到很好的解决。现在，新加坡是国际著名的花园城市国家。2018 年 10 月，第十七届"全球城市竞争力排行榜"发布，新加坡排名第六。

新加坡国旗又称星月旗，由红、白两个平行的相等长方形组成，左上角有一弯白色新月以及五颗白色五角星。红色代表了平等与友谊，白色则象征着纯洁与美德。新月表示新加坡是一个新建立的国家，而五颗五角星代表了国家的五大理想：民主、和平、进步、公正、平等。

来到新加坡，还应当了解一下马六甲海峡，这是一条位于马来半岛与印度尼西亚的苏门答腊岛之间的漫长海峡，由新加坡、马来西亚和印度尼西亚三国共同管辖。它的西段属于缅甸海，东南端连接南中国海。海峡全长约 1 080 千米，西北部最宽处达 370 千米，东南部的新加坡海峡里最窄处只有 37 千米，是连接沟通太平洋与印度洋的国际水道。经马六甲海峡进入南中国海的油轮量是经过苏伊士运河的 3 倍、经巴拿马运河的 5 倍。马六甲海峡对于日本、中国、韩国，都是最主要的能源运输通道，被称为"海上生命线"。新加坡距马六甲海峡 239 千米，可以驾车前往，也有大巴直达。

 旅途思考与讨论

什么是"日不落帝国"

冯睿：侦探费克斯一路追踪，想把盗窃银行的疑犯福格抓住，到每一个轮船靠岸地（如印度、新加坡、香港）都去问福格的拘捕令到了没有。他在英国以外为什么能这样？

教授：这里我们要回顾历史，介绍一个"日不落帝国"的概念。

"日不落帝国"指太阳无论何时都会照射在其领土上的帝国，通常用来形容繁荣强盛、在全球各大洲均有殖民地并掌握当时霸权的帝国。历史上最先是西班牙国王卡洛斯一世说的："在本王的领土上，太阳永不落下。"西班牙衰落后，"日不落帝国"又指大英帝国。

在漫长的中世纪，英国的国运常常大起大落，曾被丹麦侵略。18 世纪中叶，英国在与西班牙以及与法国之间的战事中崛起，并向海外扩张。1763 年，英国首次骄傲地自称"日不落帝国"。20 年后美国的独立战争曾挫伤了英国的骄傲。但 1815 年英国在与拿破仑战争中的胜利，又进一步巩固了英国的军事强权地位，工业革命更让英国毫无争议地成为经济强权国。维多利亚时代的大英帝国步入了全盛时期，1938 年人口达 4.58 亿，约占世界总人口数的 1/4。1922 年大英帝国通过第一次世界大战获得德国殖民地后，国土面积达到 3 367 万平方千米，约为世界陆地总面积的 24.75%，从英伦三岛蔓延到香港、冈比亚、纽芬兰、加拿大、新西兰、澳大利亚、马来西亚、缅甸、印度、乌干达、肯尼亚、南非、尼日利亚、马耳他、新加坡以及无数岛屿，地球上的 24 个时区均有大英帝国的领土。因此，英国是名副其实的"日不落帝国"。在《八十天环游地球》的写作年代，福格先生旅行一路经过的印度、新加坡、中国香港都是英国的殖民地，这些殖民地的最高统治者都是英国女王在这里设立的总督。因此，如果私家侦探费克斯能够拿到英国政府批准他逮捕福格的拘捕令，该拘捕令在这些殖民地都是有法律效力的。

　　20 世纪中叶，尤其是第二次世界大战结束后，全球民族主义独立运动兴起，而英国国力日渐衰弱，其殖民地纷纷独立，大英帝国慢慢瓦解，英国和它的大部分前殖民地国家组成了一个英联邦以取代大英帝国。英联邦不是一个国家，也没有中央政府。国王只是英联邦名义上的元首，但无权干涉其他成员国的内政、外交。英联邦不设权力机构，英国和各成员国互派高级专员，代表大使级外交关系。主权国都是自愿加入英联邦的，也可随时退出英联邦。英联邦元首为伊丽莎白二世女王，她同时身兼包括英国在内的 16 个英联邦王国的国家元首，例如澳大利亚、新西兰等国家。

12 日本
——东京、清水、大阪和高知

行程第二十天—第二十四天（2019 年 8 月 20 日—8 月 24 日），新加坡—东京，8 月 21 日在横滨登上邮轮

航班：新加坡航空 SQ643（13：55—21：50）

时差：东京时间 = 新加坡时间 +1 小时 = 北京时间 +1 小时

2019 年 8 月 19 日，我们从新加坡乘飞机飞行 6 个多小时，到达东京羽田机场，随后乘羽田酒店的免费巴士到酒店休息。

到达东京的第二天早上，我们在酒店吃过早餐以后，参加网上预订的东京包车一日游，共花费 1 437 元人民币，人均 240 元。早上 8：30，华人司机来接我们，我们先去了明治神宫。神宫内有南、北、西三条参道，参道两旁巨树参天，有点像中国字"丹"的大木坊有专门的名称"鸟居"。明治神宫现存大鸟居建于昭和 51 年（1967 年），高 12 米，宽 17 米，柱直径 1.2 米，重 13 吨，是日本最大的木制鸟居。

浅草寺是东京都内最古老的寺庙。据说这里仍保留着江户时代的风格，从那时起至今 400 年来，浅草寺一直是民众的游乐场所，名气很

东京明治神宫

东京浅草观音寺

大。寺院的大门叫"雷门",一盏巨大的红色灯笼上,黑底白边的"雷门"两个大字非常醒目。寺里供奉的是观音,其左右是守护佛教的一对仁王像,怒目威猛。每天前来祈祷风调雨顺和五谷丰登的香客络绎不绝。寺西南角有一座五重塔。浅草寺前位于雷门与本堂之间的街道名为"仲见世",售卖纪念品和小吃的几十家商店鳞次栉比,在这里散步有点逛庙会的感觉,我们在这里吃了非常有特色的抹茶冰激凌。

匆忙地看了东京电视塔和皇居后,我们来到东京国立博物馆。1872年开馆的东京国立博物馆是日本最早的国立博物馆。主体建筑由象征日本历史的两座建筑物构成,本馆、东洋馆、表庆馆及法隆寺宝物馆4个展馆有11万件收藏品,其中70件被定为日本国宝。

东京国立博物馆展出日本雕刻、染织、金工、武具、刀剑、陶瓷、建筑、绘画、漆工、书道等类别的陈列品,有许多被列入国宝的绘画,如《见返美人图》《松林屏风图》,以及小野道风的书法作品等。

被放进东洋馆的中国展品极为丰富,占了5个陈列室,包括中国史前的石器和彩陶,商周青铜器,汉代的陶器和画像砖,魏晋南北朝的佛像,唐代三彩和金银饰物,宋、元、明、清中国名窑的瓷器和书画(如马远的《寒江独钓图》和梁楷的《雪景山水图》《六祖截竹图》等)。其中一些文物已被列为日本"国宝""重要文化财产"。

大家知道,中国的唐代文化、宗教、建筑对日本有很重要的影响,

133

在东京国立博物馆前留影

据说日本的京都和奈良就是仿造中国唐代的长安建设的。607年由推古天皇与圣德太子始建的法隆寺位于日本奈良，全名为法隆学问寺，别名斑鸠寺，建筑设计受中国南北朝建筑的影响，达到了登峰造极的境界。其内保存着数百件七八世纪的艺术精品。

法隆寺于1993年被列为世界文化遗产，世界遗产委员会评价其："在奈良县的法隆寺地区，有48座佛教建筑，它们代表了日本最古老的建筑形式，是木质建筑的杰作。其中的11座建筑修建于8世纪之前或8世纪期间，它们标志着艺术史和宗教史发展的一个重要时期，即再现了中国佛教建筑与日本文化的融合。这些建筑与佛教同期被传入日本。"东京国立博物馆的法隆寺宝物馆于1964年开馆，设3个陈列室，专门展出明治初年法隆寺向宫廷献纳的各种宝物，许多是佛教宝物，是从法隆寺保存的数百件艺术精品选出的。

下午17：00，按照预先的约定，我们来到位于东京都文京区本乡的东京大学医学院。我的老朋友，东京大学医学院户田达史教授和夫人

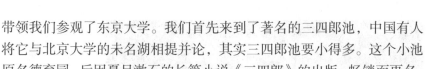

带领我们参观了东京大学。我们首先来到了著名的三四郎池，中国有人将它与北京大学的未名湖相提并论，其实三四郎池要小得多。这个小池原名德育园，后因夏目漱石的长篇小说《三四郎》的出版、畅销而更名。

以小说《我是猫》出名的夏目漱石在日本近代文学史上享有很高的地位，是诺贝尔文学奖的获得者，被称为"国民大作家"。《三四郎》的故事描写的是明治时代，青年三四郎来到东京大学（当时叫帝国大学）读书时遇到的传统与现代文明的碰撞和融合的故事。书中的三四郎常常来到池边读书和散步，并在这里遇到了代表现代文明的女孩美奈子后一见倾心。我来过这里两次，三四郎池的秋天极美，池边枫叶艳红，杂树黄叶飘落，铺满水面，像一幅色彩斑斓的油画；池边有古老的长凳和石头塑像，总有年轻人在此读书，但我猜想他们其实心不在焉，而是在等心中的美奈子出现。

夏目漱石与东京大学关系密切，他23岁在东京帝国大学文科大学英文科学习，中年以后的十多年间在东京大学先后担任英国文学讲师和

法隆寺宝物

参观东京大学医
学院

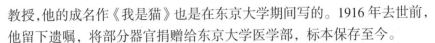

教授，他的成名作《我是猫》也是在东京大学期间写的。1916年去世前，他留下遗嘱，将部分器官捐赠给东京大学医学部，标本保存至今。

户田达史教授与我有十多年的科研合作，共同培养过研究生，看过病人，一同发表过文章。这次他带小朋友们参观了东京大学校园、东京大学医学院和他的实验室。然后请我们在已经有300年历史的饭店吃日本餐，包括生鱼片、天妇罗、鳗鱼饭等，还喝了啤酒互祝健康。

户田夫人是一位教教育学的老师，英语比户田教授还好。她人非常热情，看到我小孙女之晗小腿上有蚊子叮过以后的肿块，她连忙跑去药店买药，并让户田教授亲自给之晗涂上。

东京迪士尼乐园

晚餐后，户田教授和夫人送我们到地铁站后告别，我们乘 JR 火车到天空驿，步行 8 分钟回到酒店。

8 月 21 日，行程的第 21 天，是我们离开东京的日子。当地司机把我们送到迪士尼乐园，我们很顺利地等到了预订的公主号邮轮的上岸旅行团，一同游览东京迪士尼乐园。

作为亚洲的第一座迪士尼乐园，东京迪士尼乐园建于 1982 年。当时是完全仿造美国迪士尼乐园建造而成的，但是日本经营者提出了"一切都是动态的，这座乐园永远建不完"的理念，想要使游客不断有新的乐趣和体验，从而使乐园不断保持巨大的魅力。因此，东京迪士尼每年都在不断建设，规模不断扩大。

东京迪士尼乐园共拥有 7 个主题乐园，游客虽然也不少，但远不如上海迪士尼乐园拥挤。孩子们最喜欢惊险刺激的探险乐园和以灰姑娘城堡为中心的梦幻乐园；老少咸宜的是"小小世界"，乘坐小船听着音乐，经历一场从欧洲、亚洲、非洲、美洲到大洋洲的民俗歌舞世界旅行，世界各国人偶穿着色彩艳丽的民族服装翩翩起舞，演唱着《小小世界》主题歌，给人梦幻般的喜悦感受。

看了下午盛大的迪士尼花车游行后，我们随旅行团乘大巴从东京到横滨码头，顺利地登上了盛世公主邮轮，并在邮轮上享用晚餐。

晚上 22：00，邮轮离开横滨。这时，一路上的辛苦、旅程中的风险都已过去，我们知道，这次环游地球的挑战已经胜券在握了。

次日早上 7：00，邮轮停靠清水，我们乘旅行团安排的大巴到达清水城。清水属于静冈县，是国际港湾。我们到了海滨，据说这里可远观富士山，遗憾的是当天雾太大，看不清。我们看了名胜三保松原——离海滨不远的丘陵地上的日本松林。

20 世纪末有一部很流行的儿童漫画《樱桃小丸子》，讲述小丸子与家人和同学之间有笑有泪的生活小事，它的作者就是出生于清水市的漫画家樱桃子。现在清水市建了一座樱桃小丸子乐园，樱桃小丸子和她的奶奶、爸爸、妈妈、同学以及他们生活中的学校、汽车、火车、神社等都以微缩形式展现，小朋友们可以一边看，一边参加寻宝游戏，在参观中找到纪念印章，盖章后获得小礼品。

8 月 23 日清晨，邮轮停靠大阪。大阪是日本的著名城市，大阪城是其象征性景点。大阪城在历史上赫赫有名，是桃山时代丰臣秀吉的居城和政权中心，称为丰臣大阪城。后来德川家康以两次大阪之役打败了丰臣家族，大阪城成为江户幕府控制西日本大名的重要据点，称为德川

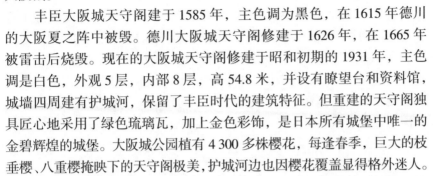

大阪城。

丰臣大阪城天守阁建于 1585 年，主色调为黑色，在 1615 年德川的大阪夏之阵中被毁。德川大阪城天守阁修建于 1626 年，在 1665 年被雷击后烧毁。现在的大阪城天守阁修建于昭和初期的 1931 年，主色调是白色，外观 5 层，内部 8 层，高 54.8 米，并设有瞭望台和资料馆，城墙四周建有护城河，保留了丰臣时代的建筑特征。但重建的天守阁独具匠心地采用了绿色琉璃瓦，加上金色彩饰，是日本所有城堡中唯一的金碧辉煌的城堡。大阪城公园植有 4 300 多株樱花，每逢春季，巨大的枝垂樱、八重樱掩映下的天守阁极美，护城河边也因樱花覆盖显得格外迷人。

然而，大阪城是重建的钢筋混凝土建筑，没有历史感，所以没有像姬路城那样被联合国教科文组织列为世界文化遗产。甚至日本的四大国宝天守阁（姬路城、松本城、犬山城和彦根城）的名单中也没有它。

大阪作为旅游城市，著名景点还有日本环球影城，这是日本关东地区最大的主题乐园。郊外还有万博纪念公园，是 1970 年日本万国博览会旧址。

但现在，更多的中国游客把大阪作为购物天堂。心斋桥和道顿崛是大阪最知名的购物区，集中了众多大型百货店和服装、鞋类、珠宝、时尚服饰专卖店以及具有日本传统特色的酒馆和风味餐饮店。

8 月 24 日，邮轮停靠高知。高知城不大，但有悠久的历史，是原汁原味的日本古城。城下的西洛梅市场起源于 300 年前江户时代的"星期天集市"，位于高知城追手门东面约 1 千米处，有 600 多家家庭小店，卖一些瓷器小盘、花瓶、铁壶等日本特色工艺品、日用品，价格都不贵，是购买纪念品的上佳选择地。我们在这里吃了物美价廉的日本刺身大餐。

桂滨在龙头岬略微高起的山冈上，矗立着凝视遥远太平洋的坂本龙马铜像。铜像完成于 1928 年（昭和三年），坂本龙马穿着和服，两手揣在怀里而脚穿长筒皮靴端立着。铜像的高度（包括台座）约有 13.4 米。坂本龙马是日本明治维新时代与大久保利通、西乡隆盛并列的著名维新志士。桂滨的坂本龙马纪念馆将龙马的人生经历分成 7 个场景，用图解或重现影片形式向游客作介绍。在地下 2 楼的资料室里面还展示着龙马被暗杀时沾上血痕的屏风。

连续几天在日本东京、大阪、高知等地旅行，到过日本的城市、乡村和海滨，参观了多处古迹和博物馆，相信大家有很深的印象。这里，我想用我归纳的"十句话了解日本历史和文化"让大家对日本有更深的了解。

1. 日本经过绳文、弥生时代。

绳文人是原住民，弥生人就是外来人。一般认为，日本人除了现在北海道的阿伊努人（旧称虾夷人）源自绳文人外，其他均源自混血的弥生人。日本是一个多元的民族，迄今比较被认可的"混血说"（也被称为"移民说"）认为在日本旧石器时代，迁徙到日本列岛的其他种族与当地人混血产生新的人种发展为如今的日本人。外来人包括南亚人、中国南方人、东北亚人等。大和人是绳文人和弥生人"混血"的后裔，是日本人的主要组成部分。

【相关旅游地】北海道。

2. 日本历史应当从奈良时代认真读。

710 年，日本在奈良建立新都，成为固定国都。704 年，日本将都城重新迁入京都。后有长达 400 年的平安时代。日本最早的史书《古事记》完成于 712 年，《日本书纪》完成于 720 年。奈良和京都的建设受唐代（618—907 年）中国影响很大。

【相关旅游地】奈良、京都。

3. 公元前 1 世纪，中国开始有关于日本的记载。

公元前 1 世纪中国《汉书·地理志》开始有关于日本的记载，当时日本已经向中国朝贡。后来，朝贡中断了很多年。5 世纪后，日本再次向中国朝贡。中国南朝史书《宋书·倭国传》记载大约 100 年间，倭五王向中国遣史。以后中日官方交往断绝了六七百年，明朝时日本足利义满遣使来中国朝觐。明朝永乐皇帝问起日本民俗，使者答里麻写诗《答大明皇帝问日本风俗》回答："国比中原国，人同上古人。衣冠唐制度，礼乐汉君臣。银瓮储新酒，金刀脍锦鳞。年年二三月，桃李一般春。"

4. 日本的汉字、佛教、历法、水稻栽培等均从中国传入或从中国经朝鲜传入。

日本人根据汉字的草书体创造了平假名，根据汉字的楷体偏旁创造了片假名，平假名、片假名与汉字构成了现代日本文字。日本佛教属于北传佛教之一，从西域三十六国传入唐朝，再经唐朝传入日本，已有 1 400 余年的历史。奈良和平安时代为佛教鼎盛时期。至今以禅宗为主的佛教仍有大量信徒，日本本土宗教演变为神道教。水稻栽培、历法等也均从中国传入或从中国经朝鲜传入。日本还创造了一些独特的文化艺

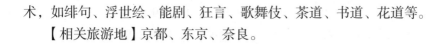

术，如绯句、浮世绘、能剧、狂言、歌舞伎、茶道、书道、花道等。

【相关旅游地】京都、东京、奈良。

5. 日本经过了漫长的幕府时代。

日本的幕府时代始于 1185 年，终于 1867 年，共 682 年。在这期间，日本的实际统治者是武士阶层的代表征夷大将军。天皇成为傀儡，形式上是公家（天皇）和武家共治，实质上则是武家一家独大。将军是政权的最高领导，争权夺利和战争都在这一层次进行。

主要的幕府有镰仓幕府（赖源朝）、室町幕府（京都，织田信长、丰臣秀吉）、德川幕府（江户，今东京，德川家康；持续 265 年直到明治维新）。幕府时代，幕府下的领主称"大名"，经济、军事独立。社会分为四个阶层，在皇室和公卿之下，分为士（武士）、农、工、商。日本武士有自己的一套人生哲学，失去主人的武士称为"浪人"。

【相关旅游地】镰仓、京都、大阪、东京、日光、鹿儿岛。

6. 明治维新使日本成为现代国家。

1868 年的明治维新，末代幕府将军一桥庆喜"大政奉还"天皇，废除封建割据的幕藩体制、建立统一的中央集权国家，日本从此成为现代化国家。明治维新的主要内容包括两个方面：一是用战争手段推翻了德川幕府的统治机构；二是用行政手段摧毁了幕府领主制的统治基础，实行一系列改革措施。其主要内容见 1868 年 4 月明治政府以天皇名义宣布的施政纲领《五条誓文》，即：一，广兴会议，万事决于公论；二，上下一心，盛行经纶；三，官武一体，以至庶民，各遂其志，毋使人心倦怠；四，破除旧来之陋习，一本天地之公道；五，求知识于世界，大张皇国之基础。施政纲领首先表明地主资产阶级要参与政权，实行议会制、中央集权，废除旧的等级身份制度；其次，表示对发展资本主义工商业的关注；再次，表示要改革，改变"攘夷"闭关自守，学习西方资本主义的文化科学技术，促进国家繁荣富强。

【相关旅游地】鹿儿岛。

7. 日本天皇制度是世界上连续世袭、存在最长的君主政体。

尽管多数情况下天皇不掌握实权，仅仅是国家象征，但天皇在日本国民中的地位不可替代，历史上从无人敢于刺杀天皇或挑战天皇地位。裕仁天皇是在位时间最长的天皇（1926—1989 年）。第二次世界大战中，迫于国际形势，天皇于 1945 年 8 月宣布投降，命令日军不再抵抗，从而结束战争。二战审判没有定天皇的罪。1946 年 1 月 1 日，裕仁天皇以诏书形式发表《人间宣言》，亲自否定自己是"现代人世间的神"。

【相关旅游地】京都、东京。

8. 直到第二次世界大战战败投降前，日本从来没有被外来势力侵略或占领过。

直到二战日本投降前，日本作为一个国家，从来没有被外来势力侵略或占领过。1274 年和 1281 年元朝蒙古人两次企图入侵日本，都因暴风致船只毁损未遂，这就是日本迷信的"神风"之说。

9. 随着日本国力增加，日本在 19 世纪走上战争之路。

1895 年日本在中日甲午战争中获胜；1904—1906 年日本取得日俄战争的胜利；1910 年日本吞并朝鲜；1931 年日军侵占中国东北，扶植清朝末代皇帝溥仪为伪满洲国"皇帝"；1937 年日军开始全面入侵中国；1941 年日本袭击亚太目标，1 年之内攻占了东亚大部分地区和西太平洋，珍珠港事件爆发。

在世界反法西斯力量，包括中国军民的抗日战争打击下，日本陷入败局。1945 年 8 月 6 日和 8 月 8 日，美国将两颗原子弹分别投到广岛和长崎；8 月 9 日苏联对日宣战；8 月 15 日日本宣布投降；1945 年 8 月起，美国麦克阿瑟将军率美国占领军占领日本，直至 1952 年 4 月 28 日，联合国结束对日本的占领。

【相关旅游地】夏威夷、太平洋诸岛、广岛、长崎。

10. 战后日本成为亚洲强国。

1964 年东京奥运会和 1970 年日本大阪的万国博览会标志着日本从战争废墟转变为现代强国。

纵观 1 000 多年以来的中日历史，两国和平友好是主流。日本在侵华战争中犯下了滔天罪行，中国人民永远不会忘记。实际上在日本，除了极少数右翼分子之外，绝大多数日本国民也在深刻地反省战争，促进日本走和平的道路。我们绝不会忘记历史，也希望与爱好和平的日本人民建立长期稳定的中日友好关系。

【相关旅游地】东京、大阪。

13 海上航行

在《八十天环游地球》中，福格先生在旅行中有四次利用了轮船。分别是：

（1）10月5日下午17：00，从意大利布林迪西登上蒙古号；10月9日上午11：00到达埃及苏伊士，下午从苏伊士开船到印度孟买。一共7天，渡过红海和印度洋。

（2）10月25日中午12：00，从印度加尔各答登上仰光号，11月6日下午13：00到达香港。跨过印度洋孟加拉湾和太平洋中国南海，历时13天。

（3）11月6日下午，乘唐卡德尔号机帆船从中国香港到上海；11月11日下午19：00，在上海外海登上开往横滨的船卡尔纳蒂克号，11月14日早晨到达横滨。历时8天。

（4）11月14日晚，乘格兰特将军号从横滨至旧金山，横渡太平洋，12月3日到达旧金山金门港，历时20天。

让我们看一段描写福格先生乘坐邮轮的原文。

第二天是12月12日。从12日上午7：00到21日下午20：45，一共只剩下9天零13个小时45分的时间了。如果福格昨天晚上赶上了那条居纳尔公司的一流轮船——中国号，他就能赶到利物浦并且如期到达伦敦！

1小时之后，亨利埃塔号经过赫德森河口的灯船，绕过沙钩角，驶入了大海。这一整天，轮船都沿着长岛和火岛上的警标保持着一定距离，迅速向东方奔驰。

事情的经过很简单。福格要到利物浦，船长就是不肯去，于是福格就答应去波尔多。上船之后，福格在这30个小时当中，很成功地发动了他的"英镑攻势"。船上的船员从水手到司炉，都难免有点徇私舞弊，何况他们本来跟船长就不大对付，现在自然都站到福格一边了。这就说明了为什么福格会站在船长斯皮蒂的位子上发号施令，为什么斯皮蒂会被关在船长室里，以及为什么亨利埃塔号会开往利物浦。不过从福格先生在船上的操作来看，显然可以看出他过去一定当过海员。

如果气候不太坏，如果不起东风，如果船不出毛病，机器不发生障碍，亨利埃塔号从12月12日到21日这9天以内准能走完从纽约到利物浦的这3 000海里的路程。

第二天是12月13日，中午，只见一个人走上舰桥测定方位。人们猜想那准是船长斯皮蒂。可是大家都没有猜对——那是福格。

第三天，12月20日，舷木、挡板，以及其他在吃水部位以上的木

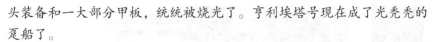

头装备和一大部分甲板，统统被烧光了。亨利埃塔号现在成了光秃秃的
趸船了。

12 月 21 日，11：40，福格终于到达了利物浦的码头。此去只需要
6 个小时就能到达伦敦。

我们的这次旅行，在盛世公主号邮轮上航行了 6 天。在经过了 20
天的环球行程之后，邮轮对于我们来说是一个休息、放松的地方。

人们利用飞机旅行还是近几十年的事，在此之前，主要的旅行交
通工具主要是火车和邮轮。19 世纪中叶以后的几十年间，中国的留学
生几乎都是乘邮轮出洋的。跨海邮轮航程一般很长，半个月甚至一个月
都很普通，所以漫长的邮轮行程最容易发生浪漫故事。大家记得钱钟书
先生的《围城》里，不理学业的方鸿渐结束欧洲游学，携带买来的“克
莱登大学”博士证书与同学苏文纨登上邮轮，认识鲍小姐、唐晓芙，从
而展开一段知识分子之间的故事。而钱钟书先生也是因为他与杨绛于
1935 年 8 月乘邮轮出国，有了在船上 3 周的经历才构思出这部小说。
同样，1923 年，冰心赴美国西雅图的卫斯理大学求学，在邮轮上邂逅
吴文藻，从而成就了一段旷世姻缘。

盛世公主号邮轮

邮轮上丰富的活动

　　邮轮的原意是海洋上的定线、定期航行的大型客运轮船，早年间邮轮连接了全世界最发达的欧洲和美国，既载乘客，也运输邮件、包裹，因此被称为邮轮。现在所说的邮轮，实际上是指在海洋中航行的旅游客轮。邮轮像一座小城市，乘坐着来自世界各地和不同文化背景的几千人。有人统计，在邮轮已经如此普遍的今天，全球每天都有大约 100 万人生活在邮轮上。

　　福格先生乘坐的轮船中，太平洋轮船公司的格兰特将军号是最大的跨海邮轮，代表了当时邮轮的最高水准。让我们来比较一下盛世公主号和格兰特将军号这两艘邮轮。

	盛世公主号	格兰特将军号
吨位	143 700 吨	2 500 吨
速度	22 节（22 海里 / 小时）	12 节（12 海里 / 小时）
载客人数	3 560 人	不详
动力	燃气轮机动力系统	蒸汽机，顺风时可加三个大帆

注：节（knot）指地球子午线上 1 分纬度的长度，1 节 =1 海里 / 小时 = 1.852 千米 / 小时。

　　盛世公主号邮轮是特意为中国市场打造的邮轮，共 19 层，长 330 米，宽 38.4 米。船够大，但是满载客数量较低，仅可容纳乘客 3 560 人。为了让乘客得到更周到的服务，邮轮配备了 1 350 名船员。我们预定的是

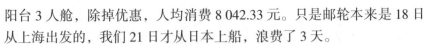

阳台 3 人舱，除掉优惠，人均消费 8 042.33 元。只是邮轮本来是 18 日从上海出发的，我们 21 日才从日本上船，浪费了 3 天。

邮轮餐饮完全是高星级宾馆水平，盛世公主号有乐章、协奏曲、交响乐等 4 家免费餐厅，每天菜品都会有所不同。只要你愿意，一日三餐都可以自由点餐。盛世公主号更是邀请到两位曾经执掌米其林餐厅的总厨，倾心打造了两家"海上米其林餐厅"，包括米其林观澜轩中餐厅和雷诺法式西餐厅，只收取很少的费用。值得一提的是，盛世公主号专为中国人打造的"筷乐面吧"供应鱼丸面、豆腐汤面、猪骨汤面、素炒年糕等各种中式简餐，这是我以前坐过的邮轮所没有的。

成人在船上会选择健身房、游泳池、露天影院等娱乐场所，而孩子们会选择与他们年龄段相符合的俱乐部，整天在多米诺骨牌、电子音乐、地面国际象棋等游戏中乐此不疲。邮轮公主剧院每日轮流上演的舞台音乐剧、杂技、魔术也是亲子共乐的好地方。

我在公主邮轮上进行了两次特邀报告。一次是 8 月 23 日从清水游览返回的下午，报告的题目是《达尔文五年环球航行旅行与进化论学说的创立》，呈现我在过去 10 多年里，实地重走达尔文环球旅行的经历，介绍达尔文学说的基本内容，重点讨论达尔文环球考察对进化论学说形成的启示作用，并融汇了我对相关理论的思考。

第二次特邀报告是在整天海上巡游的 8 月 25 日，介绍我们的"重走《八十天环游地球》——环球文化之旅"。这天听讲的人很多，在报

在邮轮上举行了两次讲座

讲座受到游客的热烈欢迎

告结束时，我把三个孩子和同行的一对父母请到台上，一起与听众进行互动交流。听众中一位老者赵克非先生在法语方面很有造诣，人民文学出版社版的插图本《八十天环游地球》和《海底两万里》就是他翻译的。

尽管邮轮旅行在全世界越来越盛行，2020年初突如其来的新冠疫情却给了邮轮旅行"当头一棒"。首先是被隔离在日本横滨港的邮轮钻石公主号受到了全世界的关注。这艘邮轮一共搭载了2 666名乘客和1 045名船员。1月25日，邮轮上出现了第一例确诊病例。自2020年2月5日起，在实施全员留船隔离的14天期间，确诊感染的人数一天天飙升，截至3月1日全体人员离船，钻石公主号游轮上已经确诊了705名患者。

无独有偶，以后的多艘邮轮也遇到病毒感染、港口拒绝停靠等危机。当然也有处理得较好的：如1月25日，满载4 806人的邮轮歌诗达赛琳娜号驶向天津母港，凌晨5∶00，天津滨海新区卫健委和海关检验检疫局的工作人员乘拖船登上邮轮，测量船上所有人员体温，最终确认了共有17人出现发热症状。随后工作人员将采集的样本直接由直升机送走。3个多小时后，检测结果显示17人均为阴性。歌诗达赛琳娜号被允许靠港停泊。当天20∶30，乘客开始下船，2小时后下船完毕。天津有关部门用了不到24小时即完成了妥善处置。

虽然新冠疫情在全球的蔓延使邮轮航行暂时笼罩在阴影中，但世界一定能战胜疫情，邮轮旅行也会迎来阳光照耀下的碧海蓝天下的远航。到那时，你会选择邮轮旅行吗？

 旅途思考与讨论

邮轮的优点和缺点

之晗：您带我坐过两次邮轮，您能给我们讲一讲邮轮的优缺点吗？

教授：我们首先看看邮轮旅行的优点。

（1）邮轮使游客享受高水准的星级酒店服务和舒适空间，综合旅行性价比极高。

（2）邮轮不用每天奔波换乘飞机、火车、汽车，换酒店，早起晚睡，多是夜间航行，白天停靠上岸。邮轮还为乘客安排好了岸上行程，游客只需选择是否参加。玩累了，任何时候都可以回房间休息。所以邮轮尤其适合老人、懒人旅行。

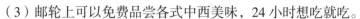

（3）邮轮上可以免费品尝各式中西美味，24 小时想吃就吃。

（4）邮轮上有游泳、健身等设施，便于锻炼身体。

（5）邮轮上有各种免费演出和娱乐设施。

（6）邮轮简化了签证手续，可以在短时间内游览不同的国家和城市，获得不同的人文风情体验，甚至一次周游十几个到几十个国家，每天面对大海，心旷神怡。

（7）邮轮专门有儿童游乐设施，并有专人照顾儿童，很适合亲子游，所以中国人的邮轮旅行常常是全家游。

（8）至于有人担心的晕船，只要邮轮吨位在 10 万吨以上，都可以在航行中如履平地，感觉不到颠簸。

（9）泰坦尼克号的惨痛经历之所以发生，重要原因就是救生设备不足，这一点现代邮轮大可不必担心。

但邮轮旅行也有一些缺点。

首先是无法进行景点的深度旅行。邮轮按计划航行，多数停靠点仅停留 1 天，所以游览景点只是"浅尝辄止"。对于年轻人，我不推荐出国旅行将邮轮列为首选。

其次是要考虑自己的身体状况，备足常用的药。如果发生突发状况，要及时上岸。此时预先购买保险就很重要。

最后，邮轮像一个几千人共同生活的社区，有领导（船长）、司机、售货员、厨师、服务员、医生、演员、清洁工、修理工等，就是没有警察，所以邮轮上也可能有治安隐患。几十年来国际上每年都有邮轮游客落水事件发生，有失足落水，也有自杀跳水，也不排除谋杀的可能—— 一些小说家甚至喜欢将丈夫谋杀妻子的场所设定在夜航的邮轮上。

14 回到出发地

行程第二十五天（2019 年 8 月 25 日）
邮轮：盛世公主号（全天）

　　我们这次的旅程非常艰苦，飞机、火车、汽车、步行填满每一天的日程，甚至有好几天是凌晨下飞机就开始旅游。但几个孩子都很棒，始终兴致盎然。我还不断见缝插针地给他们讲解旅程中的所见所闻，让孩子们把每天看到的东西和自己的体会先用手机录下来，然后整理成100～200字的小作文，之晗一共完成了20多篇小作文，汇总起来，就是一个环球旅行的完整记录。

　　8 月 25 日，是我们在邮轮上度过的最后一整天。按照邮轮的安排，我们早早就把行李收拾好并放在大门口，有服务员把行李带到码头的指定区域，方便游客拿取。

邮轮返回中国上海，停靠在吴淞港

总结环球航行的
旅程和收获

行程第二十六天（2019 年 8 月 26 日），上海—昆明
航班：东方航空 MU5810（17：15—20：35）

8 月 26 日上午 7：00，邮轮到达上海，在船上用过早餐后，我们下
船，直接到达虹桥机场。

下午，我们乘坐东方航空的航班，从虹桥国际机场出发，到达昆
明长水国际机场。26 天后，我们回到昆明，重走《八十天环游地球》
的环球文化之旅挑战成功了！

一行人返回昆明
长水机场

见到家中的亲人，孩子们兴奋不已，忙着讲述自己的所见所闻，可谓收获满满。但每个人都说，旅程时间太短，感到意犹未尽。

让我们总结一下这次旅行的见闻和学到的知识。

1. 七大洲和四大洋

七大洲指地球陆地分成的七大板块，包括亚洲（亚细亚洲，Asia）、欧洲（欧罗巴洲，Europe）、北美洲（北亚美利加洲，North America）、南美洲（南亚美利加洲，South America）、非洲（阿非利加洲，Africa）、大洋洲（Oceania）、南极洲（Antarctica）。

四大洋是地球上的四片海洋，包括太平洋（the Pacific Ocean）、大西洋（the Atlantic Ocean）、印度洋（the Indian Ocean）和北冰洋（the Arctic Ocean）。

在地球上，海洋的中心主体部分称为洋，边缘附属部分称为海，海与洋彼此沟通组成统一的世界大洋。海洋面积约为 3.6 亿平方千米，占地球总面积的 71%。陆地面积约为 1.5 亿平方千米，占地球总面积的 29%。

按面积说，七大洲中亚洲最大，面积为 4 400 万平方千米，共有 40 个国家和地区；人口数为 32.29 亿，约占世界总人口数的 60%。非洲是世界第二大洲，面积约为 3 000 万平方千米，共有 56 个国家和地区；人口数为 6.62 亿，占世界总人口数的 12.3%。北美洲第三，面积约为 2 400 万平方千米，共有 37 个国家和地区；人口数为 4.32 亿，约占世界总人口数的 8.1%。南美洲第四，面积约为 1 800 万平方千米，共有 13 个国家和地区；人口数为 3.02 亿，约占世界总人口数的 5.6%。南极洲第五，面积约为 1 400 万平方千米，无定居居民。欧洲第六，面积约为 1 000 万平方千米，共有 37 个国家和地区；人口数为 7.23 亿，约占世界总人口数的 13.4%，欧洲是人口密度最大的一个洲。大洋洲最小，面积约为 900 万平方千米，共有 24 个国家和地区；人口数为 2 700 万，约占世界总人口数的 0.5%，是除南极洲外，世界人口数最少的一个洲。

四大洋海洋面积共为 36 100 万平方千米，其中，太平洋占 49.8%，几乎为一半，大西洋占 26%，印度洋占 20%，北冰洋占 4.2%。

七大洲、四大洋的名称也很有意思。

亚洲，亚细亚相传得名于古代腓尼基人语言的"东方日出处"。

欧洲，欧罗巴是腓尼基国王漂亮女儿的名字，传说欧罗巴在大海边游玩时被万神之王宙斯看中，宙斯变成一头雄健、温顺的公牛，来到欧罗巴身边蹲下来，欧罗巴看到这匹可爱的公牛伏在自己身边，便不由自主地跨上了牛背。宙斯随即腾空而起，穿过海洋将欧罗巴带到了远方

陆地，从此以后这块陆地就叫作欧罗巴了。

美洲是亚美利加洲的简称。尽管大家公认美洲是哥伦布在 1492 年"发现"的，但他自己误认为这块大陆是亚洲的印度。7 年之后的 1499 年，意大利航海家亚美利哥随葡萄牙人奥赫达率领的船沿着哥伦布走过的航线航行，到达美洲大陆。亚美利哥经过详细考察，确信这是世界上的另一个大洲，并编写了最新的地图和图书。于是学者便以亚美利哥的名字为新大陆命名。

非洲是阿非利加洲的简称。阿非利加一词的来源众说纷纭，其中一种传说是来源于北非柏柏尔人崇拜的一位女神的名字。

大洋洲，意思是大洋中的陆地。以前曾因澳大利亚的面积占据了这个洲陆地面积的 85% 而被称为澳洲。

南极洲，英文名为 Antarctica，源出希腊文 anti（相反）加上 Arctic（北极），意为北极的对面，即南极。

四大洋的名称也一样有趣。

太平洋来源于麦哲伦。1520 年，麦哲伦在环球航行途中进入后来依他名字命名的麦哲伦海峡，走出海峡后，他发现海上风平浪静，于是称这个海域为太平洋。

大西洋是中文意译，其实英文名是 Atlantic Ocean，Atlantic 来源于古希腊神话中大力士阿特拉斯的名字。传说阿特拉斯住在这片海域，具有无敌神力。1845 年，伦敦地理学会将其确定为大西洋。

1497 年，葡萄牙航海家达·伽马绕道非洲好望角，向东寻找印度大陆，将所经过的洋面称为印度洋。1570 年的世界地图集正式将其命名为印度洋。

北冰洋位于北极，终年冰封。1845 年在伦敦地理学会上被正式命名为北冰洋。

我们这次旅行历经了七大洲中的四个洲，分别是亚洲、欧洲、北美洲、非洲。看到了四大洋中的三个：太平洋、大西洋、印度洋（包括其中的地中海、红海）。地理方面，我们还看了两个重要的地点——苏伊士运河和英吉利海峡。在这一过程中，我们了解了海里的概念。海里其实就是对地球周长的"切分"。1617 年，荷兰科学家斯内尔（Snell）评估了地球的周长，约为 24 024 英里。又将地球的周长除以 360，得到了每度对应的距离；再除以 60，得到了每 1 分的距离，这就是海里。由于地球并不是一个完美的球体，1 分的维度距离也并不恒定，因此关于海里的计算，各国都有不同的标准，但也相差不大。1929 年在摩纳哥举行的国际水文地理学会议将 1 海里规定为 1.852 千米，以便于统一计算。

2. 我们看过的世界遗产及其认定时间

美国：自由女神像，1984 年。

印度：泰姬·玛哈尔，1983 年；象岛石窟，1987 年；德里红堡建筑群，2007；孟买维多利亚哥特装饰艺术建筑群，2018。

法国：凡尔赛宫及其园林，1979 年；巴黎塞纳河畔，1991 年（包括埃菲尔铁塔等一系列建筑）。

英国：威斯敏斯特教堂，1987 年；伦敦塔，1988 年。

埃及：孟菲斯及其墓地金字塔（金字塔墓区），1979 年。

日本：法隆寺地区的佛教古迹，1993 年。

3. 我们看过的博物馆

纽约大都会艺术博物馆、巴黎卢浮宫、伦敦大英博物馆、美国自然历史博物馆、东京日本国立博物馆、加尔各答印度博物馆。

4. 我们旅行了解的知识点

历史：美国历史、英国历史、法国历史、埃及历史、印度历史、新加坡历史、日本历史、中国香港历史。

宗教：印度教、日本宗教、埃及宗教。

民俗知识：印度的种姓、妇女殉葬，美国摩门教、印第安人。

此外，还有众多的历史人物、艺术家、作家，以及不同宗教中的神祇。

5. 我们走过的路程

粗略统计约为 47 036 千米（不含到各景点及城市内行程）

航程 1：昆明—香港，1 160 千米（飞机）。

航程 2：中国香港—美国旧金山，11 128 千米（飞机）。

航程 3：旧金山—纽约，4 139 千米（飞机）。

航程 4：美国纽约—英国伦敦，5 546 千米（飞机）。

陆地行程：伦敦—剑桥，来回 188 千米（火车）。

陆地行程：英国伦敦—法国巴黎，492 千米（火车）。

航程 5：法国巴黎—埃及开罗，3 202 千米（飞机）。

航程 6：埃及开罗—印度孟买，4 343 千米（飞机）。

航程 7：孟买—新德里，1 139 千米（飞机）。

陆地行程：新德里—阿格拉，223 千米（汽车）。

陆地行程：阿格拉—新德里，220 千米（火车）。

航程 8：新德里—加尔各答，1 313 千米（飞机）。

航程 9：印度加尔各答—新加坡，2 903 千米（飞机）。

航程 10：新加坡—日本东京，5 530 千米（飞机）。

陆地行程：东京—横滨，30 千米（汽车）。

邮轮行程：横滨—清水，115 海里；清水—大阪，295 海里；大阪—高知，140 海里；日本高知—中国上海，652 海里；合计 1 202 海里（3 428 千米）。

航程 11：上海—昆明，2 042 千米（飞机）。

总计：47 036 千米，比赤道周长（40 076 千米）还多近 7 000 千米。

这还不包括城市里的汽车和步行。这次行程中每天都要走很多路，手机记录的步数为：8 月平均每天 11 207 步，其中 8 月 21 日达到 21 305 步。这是成人的步伐，9 岁小孩之晗的步数也许有这样的 2 倍。

6. 我们的花销

先看一下《八十天环游地球》里福格先生环游地球到底花了多少钱？他打赌的时候说的是拿出 2 万英镑，这些钱在他最后回到伦敦时已经全部花完。2 万英镑相当于现在的 200 万美元，也就是约 1 400 万人民币。当然福格作为改良俱乐部的贵族可以将毕生积蓄拿来打赌，他一路又买大象、又包船只，我们不能与之同日而语。

我们策划旅行时，预算是每人 5.5～6.0 万元，包括机票、火车票、邮轮、酒店、一路餐饮、门票、城市观光用车和导游等。实际结算平均每人花费不到 6 万元，主要包括美国、英国、法国、日本、埃及、印度、新加坡签证，国际旅游保险，国际机票，邮轮船票，火车票，住宿，餐饮，景点门票，城市观光用车，埃及和印度地陪导游等全部费用。

7.《八十天环游地球》的不同译本

《八十天环游地球》中文译本至少有 20 种。最早是 1958 年沙地翻译的版本，对包括我这样的老读者影响很大。以后又有白睿、赵克非、陈筱卿等从法语翻译的版本。在以后的众多版本当中，当然也不乏粗制滥造、模仿抄袭的。实际上，真不需要那么多的版本。出于对原作的尊重，本书中《八十天环游地球》的引文都来自沙地的译本。但沙地译本除了 2017 年宁夏人民教育出版社再版外，现在流传在世面上的已不多。

《八十天环游地球》内容比较通俗易懂，所以不同译本的差别不大，主要就是人名、地名的翻译不同，除了主人公福格被译成福格、侦探被译成费克斯或菲克斯等之外，最大的区别就是福格仆人的名字。据学法语的朋友介绍，仆人的名字 Jean Passepartout 中的 Passepartout 是用通过（Pass）和才能（part）合并而成的词。所以在法语中就有"到处顺利、行得通"的意思，沙地将其翻译成"路路通"显然是极好的；而其他版本保留原意，很多翻译成"万事通"或"万事达"；赵克非则保留了法文名 Jean 发音和后面的意思，直接译为"让万能"。

谈到《八十天环游地球》改编的电影，我知道的一共有三部。第一部是美国迈克尔·托德公司于 1956 年出品的，由米歇尔·安德尔森执导，大卫·尼文、莫莱诺·马里奥、雪莉·麦克雷恩主演。制片方不惜成本，采用了 20 世纪 50 年代最新式的宽银幕，即托德-AO 系统来拍该片。这部电影中，除了让福格从伦敦到巴黎之间乘坐了热气球之外，基本保留了原著的情节。共计有 44 位知名影星作为龙套角色在片中亮相，为拍摄该片，制片方累计动用了 13 个国家的约 7 万名临时演员。该片获得了 1957 年第 14 届美国电影金球奖、1957 年第 29 届奥斯卡最佳影片奖，以及最佳改编剧本、最佳摄影等 8 项大奖。但片子太老，国内现在很难找到高清片源。

第二部是 1989 年由美国拍摄的，由巴兹·库里克执导，著名影星皮尔斯·布鲁斯南饰福格，艾瑞克·爱都饰仆人巴斯帕图（路路通）。影片除了让福格在伦敦和巴黎之间乘坐气球外，基本也是写实的严肃作品，但不知怎么加上了中国紫禁城的镜头，这是原著当中福格没到过的地方。这部电影在多个国家取景，获得了 1989 年第 41 届艾美奖其他和技术类奖、迷你剧奖、最佳发型设计奖三项提名。

第三部就是 2005 年是迪士尼出品的影片，由弗兰克·科拉齐执导，演员阵容强大，除了史蒂夫·库根饰福格、成龙饰仆人路路通外，甚至有阿诺·施瓦辛格、洪金宝等人友情出演。这部电影完全颠覆了原著的概念，仆人变成中国人路路通，主题变成了追寻中国一个农村丢失的翡翠佛像，福格则是发明飞行器的发明家，电影开始不久，成龙就从大炮里被打了出去。在陪伴福格环游地球的过程中，一路与追杀的坏人大打出手，路路通最终夺回了佛像并将其运送回中国。这是一部搞笑电影，不过在看电影时请忘了凡尔纳的原著。

附录　出发前的准备工作

一、签证

出国旅游，签证是一大问题。我们环游地球的行程要经过7个国家和中国香港。

除了经停香港不需要签证之外，我们需要办理美国、英国、法国、埃及、印度、新加坡和日本7个国家的签证。缺少任何一个国家的签证，整个行程将无法继续。

我们首先办理的是美国签证，美国旅游签证给的时限较长，所以我们半年前就开始着手办理。美国签证需要准备资料，然后预约面签，我们几个人都生活在昆明，需要到成都美国领事馆面签。考虑到几个孩子在读书，我们预约在寒假期间到成都办理面签，幸运的是我们6个人都得到了美国旅游签证。

接下来办理其他国家的签证需要分别考虑，有的签证是有时限性的，例如有效期为1~3个月，所以还不能过早办理，否则到出发时签证已经过期。好在近年来各国针对中国游客的签证政策已有所放松，办理签证变得更灵活而方便了。

我们接下来办理的英国签证、日本签证都是请旅行社代为办理的，不需要面签。我们先拿到了英国签证。但日本的签证时间有效期往往很短，所以，我们是在办好美国、英国、法国签证以后才办理日本签证的。

法国签证也可以代办，只需要准备好资料，交到代办的地方，完成简单的询问和签字，就可以等候得到签证了。

完成了以上美、英、法、日几个国家的签证后，剩下的签证就很容易了，印度和新加坡的签证是电子签，埃及的签证是落地签。

我们6人都很顺利地得到了所有签证。接下来，就可以订机票了。

二、机票、火车票和轮船预订

因为孩子们在上学，必须选择暑假出行，但这是国际旅游的旺季，机票会比较贵；同时，签证的不确定性也直接导致我们不能过早预订机票。

这次出行飞机共含11程，包括美国境内一程和印度境内两程。我们选择一家可靠的航空公司联程订票，这样在一旦航班延误，可方便调整，在频繁的入境出境中也方便申报。

　　这次出行乘坐的火车包括英法之间的"欧洲之星"国际列车和英国伦敦与剑桥之间的往返火车，都可以很方便地用网络预订。旅行还涉及一段印度境内的火车，可以通过印度地接的旅行社预订。

　　至于轮船，行程设计时知道正巧有一艘从上海出发到日本的邮轮可以乘坐。邮轮 8 月 18 日从上海出发，8 月 21 日到达日本横滨，然后沿途停靠日本清水、大阪和高知后，8 月 26 日回到上海。于是我们预订此邮轮，但选择从日本横滨上船。这样就有两个问题：一是本来从上海往返是可以免去日本签证的，但我们先到日本东京再从横滨上船，不能省去签证；二是浪费了前三日的邮轮舱位和花费。

三、酒店预订

　　这次行程所住的酒店都已在出发前预订好，多数是通过网络预订的，但埃及和印度境内酒店是通过当地地接的旅行社预订的。

四、城市观光用车和导游预订

　　这次行程中，埃及和印度的行程是交给当地旅行社来安排的，他们提供导游和汽车。其他的国家和地区的行程，都是我们自己安排的。所有路程都是我走了很多遍的行程，所以我就是领队、导游兼翻译。在一些城市和景点，我邀请了留学生、艺术家、大学教授等带领参观。旧金山、伦敦和巴黎的观光巴士，纽约、巴黎和东京的一日游用车均预订自网络，非常方便。

后 记

"读万卷书，行万里路"本来是明代画家董其昌在《画禅室随笔》中论画的词语，流传至今，已经成了追求人生知识境界的必由途径。

现代交通的发展，让行万里路变得容易，而读万卷书反而成了奢侈的事。这里的"读书"，不是指学校的教科书或职场中的考试用书，而是指扩展知识面的"闲书"。正如有句话说："古书不好读，所以古人好读书；如今书好读，所以今人不好读书"。

这次带领几个孩子的旅行，就是以"读万卷书，行万里路"为宗旨的一次尝试。一路上，我们认真地重读《八十天环球地球》，结合旅途所见，比较书中福格先生当年的经历和我们今天的所见，同时尽我所能介绍旅途中的相关地理、历史以至不同国家的文学艺术知识，让孩子们通过行万里路的所见所闻，结合读书了解更多知识。因此，这次旅行是一次文化之旅，这本书也不是简单的旅游攻略，而是通过旅行经历将不同国家文化、地理、历史联系起来进行思考。

也许有人会问，中小学生能理解和记住那么多内容吗？确实很难，包括看到的那么多景点，那么多博物馆展品，他们也很难都记住。但我相信这种身心结合的旅行熏陶，会不知不觉地在他们的成长中留下印迹，正如我们给孩子吃肉、蛋、蔬菜等各种营养品，我们看不到吃掉的东西，但已经被孩子成长的骨骼、肌肉吸收了。

我们的"重走《八十天环游地球》之路——环球文化之旅"，于2019年8月1日从昆明出发，8月26日晚返回昆明，按计划完成了挑战。

一路上遇到英国机场罢工、印度加尔各答洪水，我们都很幸运地避开了，有惊无险，感谢一路上朋友的相助。

在本书出版之际，特向下列朋友致谢：旧金山的虞京威，纽约的陈阳、钱亚屏、蒋彦军，伦敦的汪诗媛，剑桥的杨凤堂，巴黎的李东陆，东京的户田达史教授，诚挚地邀请你们来昆明一聚！

褚嘉祐

　　研究员，博士生导师，医学博士，中国协和医科大学和中国医学科学院医学生物学研究所教授。从事医学遗传学研究和临床工作30余年，是中国人类基因组项目中"中国不同民族基因组的保存与遗传多样性研究"课题总负责人。曾获2005年和2007年国家自然科学二等奖，云南省科技进步一、二、三等奖等奖项。在国内外发表论文200余篇，主编和参与编著专著11部，并出版了若干科普作品。多年来因学术交流和个人旅行，曾到过七大洲100多个国家和地区。